Zwei mit Durchblick

Aliens auf Erkundungsmission? Könnte man meinen. Tatsächlich stieren hier zwei Kleinlibellen durch Löcher, die eine Raupe in ein Blatt gefressen hat. Die großen Facettenaugen geben den Insekten einen fast perfekten Rundumblick. Jedes der kugelförmigen Sehorgane besteht aus rund 7000 winzigen Einzelaugen. Zwar erscheint die Umgebung dadurch eher wie ein feines Mosaik, doch Bewegungen können die Libellen bis zu sechsmal schneller erfassen als wir Menschen. Diese außergewöhnliche Sehfähigkeit ermöglicht es den gewandten Räubern, andere Insekten in rasanten Flugmanövern zu verfolgen und in der Luft zu ergreifen. Im Herbst sterben die meisten Libellen, doch zuvor haben sie in Gewässern ihre winterfesten Eier gelegt: Aus ihnen wird im kommenden Frühjahr die nächste Generation schlüpfen

Entdecken Sie die Natur! Mit Förster Peter Wohlleben und Chefredakteur Michael Schaper

Liebe Leserinnen, liebe Leser!

Der Herbst steht vor der Tür, und damit verändern sich auch die Abläufe im Wald. Für die Bäume ist jetzt Zahltag. Sie haben über den Sommer viel Zucker bilden können, sodass sie nun den Überschuss an ihre Partner, die Pilze, weiterleiten.

Die investieren diese Energie nun in die Produktion von Fruchtkörpern – sehr zur Freude von Waldbesuchern, die Steinpilz und Co. auf dem Teller lieben.

Das Pilzgeflecht im Boden kann zwar uralt werden, ist aber extrem empfindlich gegen die Befahrung mit schweren Maschinen. Da liegt es nah, wieder auf eine altbewährte Methode zurückzugreifen: die Arbeit mit Rückepferden. Kommen Sie mit uns in den Wald und lernen Sie diese faszinierenden Tiere kennen! Es macht nicht nur Freude, ihnen zuzusehen – ihr Einsatz schont auch noch Bäume und Boden.

Kaltblüter sind aber nicht die einzigen Schwergewichte. Mittlerweile ziehen wieder Wisente durch deutsche Mittelgebirge. Wir zeigen, dass die Rückkehr der wilden großen Pflanzenfresser in einem dicht besiedelten Land eine besondere Herausforderung ist, aber sich die Tiere offenbar durchaus wohlfühlen bei uns.

Ob auch Pflanzen etwas spüren, untersucht der Bonner Biologe Prof. Dr. František Baluška. In einem Gespräch erzählt er uns vom Empfinden unserer grünen Mitgeschöpfe und warum das mit Esoterik nicht das Geringste zu tun hat.

Sie sehen: Diese Ausgabe bietet reichlich Lesestoff – nun, wenn die Tage wieder kürzer werden, die Temperaturen sinken und es bei Regen und stürmischem Wind draußen schon mal ungemütlich wird.

Doch es gibt auch vor der Tür noch viel zu entdecken! Zugvögel etwa, die sich jetzt auf den Weg nach Süden machen, wunderbar farbiges Herbstlaub und reichlich Nahrung für Tiere und Menschen. Und haben Sie schon die ersten Brombeeren gesehen? Oder frische Bucheckern, Esskastanien und Hagebutten? Gehen Sie mal schauen.

Viel Vergnügen mit diesem Heft und in der Natur wünschen Ihnen

Die ersten beiden Ausgaben von WOHLLEBENS WELT sind online im GEO-Shop erhältlich

Herbstspektakel

Haben auch Bäume Gefühle? Genau dies legen wissenschaftliche Studien nahe: Werden Pflanzen verwundet, schütten sie bestimmte Stoffe aus, die schmerzstillend wirken (siehe Seite 132).

Die weibliche Gottesanbeterin ist unberechenbar und tötet zuweilen gerade dann, wenn es am schönsten ist: beim Sex. Doch der Mord am Liebhaber geschieht nicht ohne Grund (siehe Seite 82).

Herbst ist eine besonders spannende Zeit: In den Blättern der Bäume kommt es nun zu verblüffenden Vorgängen *Seite 38*

Vom Glück, einen Sommer lang Kühe auf der Alp zu hüten *Seite 114*

Manche Zugvögel legen mehr als
30000
Kilometer auf ihren Flügen zurück

Bei ihrer Reise nutzen Zugvögel einen erstaunlichen inneren Kompass *Seite 72*

Am GEO-Tag der Natur zeigt sich die Elbinsel Neßsand als Insektenparadies *Seite 56*

Einst war Island bewaldet: die spektakuläre Geschichte dieser Insel im Norden *Seite 94*

Meister der Kletterkunst: das geheime Leben des Eichhörnchens *Seite 126*

Die größten Tiere Deutschlands wären fast ausgestorben, doch Naturschützer haben die Wisente gerettet. Im Rothaargebirge fand eine spektakuläre Auswilderung statt – siehe Seite 48.

Tarnen, tricksen, täuschen: Im täglichen Kampf ums Dasein führen viele Tiere einander geschickt hinters Licht. Einige Arten bringen es dabei zu erstaunlicher Meisterschaft – siehe Seite 104.

Hochgefühl

Inhalt

Herbst 2019

Der Frauenschuh lockt Insekten in eine raffinierte Falle, aus der nur ein Weg herausführt *Seite 112*

Manche Pilze gelten als heimliche Delikatessen. Wie erkennt man sie? *Seite 84*

Paradoxerweise kann der Borkenkäfer dem Wald helfen *Seite 54*

Text: Peter Wohlleben

Mit Pferdestärke in den Wald

Ein Kaltblüter als Arbeitstier im Forst? Mutet nostalgisch an, doch schonender kann man Holz nicht ernten

Eingespieltes Team: Dirk Zöll und sein Rückepferd »Lucky« ziehen Stämme zu einer Sammelstelle. Von dieser Form der Forstwirtschaft profitieren Mensch, Tier – und vor allem der Wald

Zum Wohle des Waldes wünsche ich mir, dass mehr Forstbetriebe bei der Holzernte auf Pferdekraft setzen

Ein Sturm hat in einem Nachbarbetrieb gewütet und Bäume umgeknickt – schwere Maschinen würden hier jetzt nur noch weiteren Schaden anrichten

Anders als Forstmaschinen können Pferde die bis zu 20 Meter langen Stämme – die vorher mit einem gelben Band markiert wurden – so durch den Wald rangieren, dass diese kaum Schäden an anderen Bäumen oder deren jungen Trieben anrichten

Etwa
100
Betriebe mit Rückepferden gibt es derzeit in Deutschland

Beim Holzrücken werden die Stämme bis zum nächstgelegenen Lagerplatz gezogen – und von dort abtransportiert

Waldschützer

Kein Krach, keine Abgase, keine tiefen Fahrspuren – so sieht nachhaltige Forstarbeit aus!

Rund
30
Kubikmeter Holz ziehen zwei Pferde im Wechsel aus den Beständen

Oft genügt ein einziges Kommando – und das Pferd weiß genau, was es zu tun hat

Knapp
1000
Kilo wiegt ein Kaltblut – dennoch zerstört sein Huftritt den Waldboden nicht

Kein Tier wird zur Arbeit gezwungen, der Umgang mit dem Pferd ist stets gewaltfrei

E

Ein Klirren, ein Knacken zertretener Äste, ein leises Kommando: Das ist Dirk Zöll mit seinem Kaltblüter „Lucky“. Er zieht mit dem Pferd frisch gefällte Stämme an den nächsten Weg. Kein Krach, keine Abgase, keine Fahrspuren: Ein friedlicheres Bild von Forstwirtschaft ist kaum vorstellbar.

In meinem Revier in Wershofen zieht Zöll an einem sechstündigen Arbeitstag 30 Kubikmeter Holz aus den Beständen.

Die Arbeit mit Pferden im Wald umweht ein Hauch von Freilichtmuseum.

Tatsächlich aber ist es die schonendste Art, mit den Böden umzugehen, in denen ja die meisten Lebewesen eines Waldes zu finden sind. Rollt eine 20-Tonnen-Maschine darüber, erlischt die Vielfalt innerhalb von Minuten.

Es ist nicht so sehr der Bodendruck durch die schweren Geräte, der das fragile Krümelgefüge zusammenpresst, sondern der im Zusammenspiel mit der Motorvibration entstehende Rüttelwalzeneffekt, der den Boden in bis zu zwei Meter Tiefe komprimiert.

Das ist fatal, denn Baumwurzeln brauchen Luft, um zu leben. Die aber kommt nun nicht mehr in tiefere Schichten, weshalb alle Feinwurzeln ab 20 Zentimeter Tiefe absterben. Ebenso geht es den Springschwänzen, Hornmilben und allem anderen Getier.

Nur die oberste Erdschicht regeneriert sich durch Frost und das Wühlen von Mäusen und Wildschweinen. Darunter aber bleibt der Boden dauerhaft geschädigt.

Damit eine moderne Erntemaschine mit ihrem Greifarm jeden Baum erreichen kann, fährt sie auf Rückegassen durch den Wald – baumfreien Fahrlinien, die in einem Abstand von rund 20 Metern zueinander verlaufen. Auf einer Breite von vier bis fünf Metern ist dann der Boden wie bei einem Weg komprimiert.

Aber verdichtet ein 1000 Kilo schweres Kaltblut nicht auch den Waldboden – schließlich ist der Druck pro Quadratzentimeter höher als bei einer Erntemaschine?

Wälder, in denen Pferde statt Maschinen arbeiten, sind gesünder und damit ertragreicher

Walzen schwere Maschinen über den Boden, stirbt das Leben darin dauerhaft ab

Die eindeutige Antwort lautet: Nein – denn ein Kaltblut vibriert nun einmal nicht wie eine motorgetriebene Maschine.

Zum anderen widerlegt die Naturgeschichte eine mögliche Verdichtung. Seit der Entstehung unserer Böden, also seit mindestens 10 000 Jahren, sind unzählige Auerochsen, Wildpferde, Wisente und Hirsche über wohl jeden Quadratmeter unserer Wälder getrampelt, ohne je eine messbare Verdichtung zu hinterlassen.

Quält die Arbeit die Tiere?
Von der Pferdearbeit profitiert aber nicht nur der Boden. Eine Maschine kann mit einem langen Stamm im Schlepptau kaum rangieren. Spätestens beim Einschwenken auf den Waldweg schlägt der bis zu 20 Meter lange Stamm gegen andere Bäume, verletzt deren Rinde oder walzt kleine Bäumchen einfach um.

Das kann ein Pferd viel eleganter, weil es sich zwischen den Bäumen bewegt und mit dem Stamm so rangiert, dass kaum Schäden entstehen.

Doch ist schwere Arbeit mit Pferden womöglich Tierquälerei? Dirk Zöll lacht, als ich ihm diese Frage stelle: „Diese Pferde wurden dafür »→

gezüchtet. Reiten wäre für sie eher eine Qual als das Ziehen von Stämmen.“ Und natürlich wird kein Kaltblüter je mit der Peitsche geschlagen. Nur dann erzielt man gemeinsam ein gutes Ergebnis.

Manchmal arbeitet Zöll – übrigens amtierender deutscher Meister im einspännigen Holzrücken – sogar ganz ohne Zügel. Das Pferd geht dann frei vor ihm durch den Wald und achtet auf seine Kommandos, die wie ein gebrabbeltes Kauderwelsch klingen.

In Deutschland gibt es rund 100 Betriebe mit Rückepferden, davon manche mit mehr als zehn Tieren. Doch viele dieser Firmen haben nur wenige Aufträge, auch die von Dirk Zöll.

Die oft zu hörende Begründung von Forstunternehmen für den mangelnden Einsatz – sie würden ja gern Pferderücker buchen, es seien aber keine verfügbar –, ist in den meisten Fällen daher wohl nur vorgeschoben (überdies würde bei großer Nachfrage sicher das Angebot zunehmen).

Ein weiteres Argument, das Forstbetriebe häufig gegen einen Pferdeeinsatz ins Feld führen, betrifft die höheren Kosten. Und tatsächlich ist eine Holzernte mit Maschinen, deren Fahrer die Arbeit von der Kabine aus erledigen, günstiger als ein kombiniertes Verfahren aus Waldarbeitern und Pferden.

Doch zu dieser Rechnung gehören neben den ökologischen eben auch die langfristigen ökonomischen Schäden durch die Maschinen: Denn in ihren Fahrspuren wird die Porenstruktur des Bodens so stark geschädigt, dass er kaum noch Wasser speichert.

Vor allem die Winterniederschläge, die den Bäumen über Trockenperioden im Sommer hinweghelfen, dringen nicht mehr ein und laufen über die Fahrspuren in den nächsten Bach. Dort sind sie für die Bäume verloren. Dadurch nimmt das Wachstum der Stämme um bis zu 40 Prozent ab.

Dieser Schaden ist auf den Stress zurückzuführen, den die Bäume von nun an jeden Sommer erleiden.

Denn ohne Wasser stellen sie die Photosynthese ein, und das bedeutet nicht nur ein Ende der Holzbildung – ohne den lebenswichtigen Zucker sinkt auch ihre Abwehrbereitschaft gegen Pilze,

Mensch und Tier sind nach getaner Arbeit zufrieden, die Natur ist unversehrt

Der Einsatz von Pferden rechnet sich langfristig sogar finanziell

Bakterien und Insekten. Mit anderen Worten: Das Immunsystem des Waldes bricht zusammen.

Moderne Bewirtschaftung

Ganz ohne Maschinen kommt aber auch ein Pferdeeinsatz nicht aus, denn das Holz wird von den Tieren ja nicht bis zum Sägewerk transportiert. Doch es genügt, die Abstände zwischen den Rückegassen von 20 auf 40 oder gar 60 Meter zu vergrößern, um den Anteil geschädigten Waldbodens zu senken.

Das Pferd zieht die Stämme dann bis zu den Gassen, von wo aus ein Sammelfahrzeug sie zum nächsten festen Weg bringt. Die Mehrkosten dieses Verfahrens liegen bei rund sieben Euro pro Kubikmeter Holz. Rechnet man die vermiedenen Bodenschäden dagegen, kann daraus sogar ein Gewinn werden.

Der ein wenig museal anmutende Einsatz von Kaltblütern ist in Wahrheit also ein modernes Mittel der Waldbewirtschaftung. Böden und Bäume werden geschont, Arbeitsplätze geschaffen.

Und für Wanderer und Erholungsuchende ist das Beobachten eines solchen Einsatzes eine willkommene Abwechslung.

»Schon wieder ein neues *Buch*, lieber Peter – *muss* das sein?«

Welch verblüffend positiven Effekt die Natur auf Menschen hat, steht in Peter Wohllebens neuem Buch (Ludwig; 22 Euro)

MICHAEL SCHAPER: **Lieber Peter, gerade ist Dein Buch über „Das geheime Band zwischen Mensch und Natur" erschienen – das 23. in zwölf Jahren. Hast Du nicht langsam genug vom Bücherschreiben?**

PETER WOHLLEBEN: Nachdem ich 2007 mein erstes Buch „Wald ohne Hüter" beendet hatte, dachte ich tatsächlich: Nun habe ich alles aufgeschrieben, was es über den Wald und den Zustand der Natur zu sagen gibt. Von wegen: Ständig verändert sich unsere Umwelt, ständig kommen wissenschaftliche Erkenntnisse hinzu – so wird unser Wissen über die Natur fortlaufend erweitert. Und immer dann, wenn ich auf neue Ergebnisse aus der Forschung stoße, merke ich: Das will ich anderen vermitteln!

In Deinem Buch geht es um die vielschichtige Beziehung von uns Menschen zur Natur. Warum dieses Thema?

Mehr und mehr Menschen haben das Gefühl: Hier sind wir, dort die Natur. Immer wieder hört oder liest man, wir hätten den Kontakt zur Umwelt verloren, unsere Sinne seien degeneriert und denen von Tieren weit unterlegen. Doch das ist schlicht Unsinn.

Aber ist nicht beispielsweise unser Geruchssinn im Vergleich zu dem von Tieren eher dürftig entwickelt?

Das kommt darauf an, was wir vergleichen. Natürlich sind uns Hunde darin überlegen, Gerüche etwa von Tieren wahrzunehmen. Aber im Erschnuppern von Früchten sind wir ihnen weit voraus. Biologisch gesehen sind auch wir hochentwickelte Tiere mit hervorragend ausgeprägten Sinnen. Wir sind also ein Teil der Natur, sind uns dessen oft nur nicht bewusst.

Peter Wohlleben im Gespräch mit Chefredakteur Michael Schaper

Sollten wir uns also häufiger Früchte unter die Nase halten?

Nicht nur das: Wir sollten den Reichtum der Natur mit all unseren Sinnen erfahren. Etwa im Wald die vielfältigen Facetten des Grüns genau betrachten, dem Gezwitscher der Vögel zuhören, süßlich-saure Fichtentriebe probieren. Wer die Zeit aufbringt, sich in Ruhe auf die Natur einzulassen, der erkennt nicht bloß, mit welchen wunderbar feinen Sinnen wir Menschen ausgestattet sind – der erfährt auch etwas Tiefergehendes: Selbst wenn wir in einer modernen, zivilisierten Welt leben, sind wir eng mit der Natur verbunden. Sie ist unsere Heimat.

Bleibt Dir bei Deinem Pensum an Arbeit überhaupt noch Zeit, in Ruhe die Natur zu genießen?

Meine vielleicht größte Schwäche ist: Ich kann schlecht Nein sagen, begeistere mich für so viele Projekte, dass ich immer in Gefahr bin, mich zu überlasten. Doch meine Frau setzt für mich die Grenzen, organisiert meinen Terminkalender und achtet darauf, dass ich mir Auszeiten nehme – Freiräume, in denen ich das Band spüre, das auch mich mit der Natur verbindet.

Nymphaea alba, die Weiße Seerose, ist die einzige Wildform, die in hiesigen Gewässern vorkommt. Züchter haben sie im Laufe der Zeit in Hunderte farbige Ziersorten verwandelt

Vom Zauber der schwimmenden Schönheiten

Seerosen betören durch ihre blütenreiche Pracht. Doch was die Gewächse vor allem faszinierend macht, ist eine verblüffende Fähigkeit, die sich erst auf den zweiten Blick offenbart

Text: Sebastian Witte

Die Wassergewächse bilden bis zu *drei Meter lange Stiele* – *die längsten* im gesamten Pflanzenreich

Winzige Luftkammern im Pflanzengewebe sorgen dafür, dass die tellerförmigen Blätter auf dem Wasser schwimmen und dort Sonnenlicht einfangen können

Farbige Exoten

Etliche wilde Seerosenarten sind vor allem in tropischen Gefilden heimisch

Rote Seerose
Stammt ursprünglich aus Indien und ist ein Nachtblüher: Die Kelche öffnen sich in der Abenddämmerung

Blauer Lotus
Gedeiht überwiegend im südlichen Afrika sowie in Ägypten. Die Blüten enthalten psychoaktive Substanzen

Tigerlotus
Heimisch in Afrika und Südostasien. Als eingeschleppte Art auch auf dem amerikanischen Kontinent zu finden

Sie ist eine Schönheit, die sich bitten lässt: Erst am späten Morgen, und nur dann, wenn genügend Sonnenlicht den Tag erhellt, entfaltet *Nymphaea alba*, die Weiße Seerose, ihre ganze Pracht. Dann reckt sie ihre Köpfchen aus dem Wasser und breitet ihre ebenmäßigen Kelche aus: Gebilde von betörender Anmut – die größten hiesigen Einzelblüten überhaupt.

Jeweils etwa 20 spitz zulaufende, seidenglänzende Kronblätter bilden einen spiralförmigen Kranz, in dessen Zentrum dottergelbe Staubgefäße stehen: verlockende Nahrung für Fliegen und kleine Käfer, die Bestäuber der Seerose.

Das Spektakel ist jedoch von kurzer Dauer; meist öffnet und schließt sich eine einzelne Blüte nur drei Tage lang, dann hat sie sich verbraucht. Der Stil krümmt sich zu einer Spirale, so zieht er den Fruchtknoten ins Wasser, wo er Samen für neue Pflanzen produziert – und schließlich verfault.

Gerade weil sie sich so rar macht, ist die Seerose seit jeher begehrt. In Ägypten verehrte man sie schon vor 4000 Jahren als Sinnbild der Wiedergeburt, in Indien neben der Lotusblüte als Symbol Buddhas. Von der Mitte des 19. Jahrhunderts an faszinierte ihr sinnlicher Zauber zunehmend auch Gartenbauer in Europa. Französischen und englischen Botanikern gelang es, die heimische, weiße Wildform in allerlei farbige Exemplare zu verwandeln. Inzwischen gibt es weit über 500 Sorten.

Die wilde *Nymphaea alba* gedeiht bis heute in Uferbereichen von Waldseen, Tümpeln oder Flüssen mit mäßiger Strömung. Dort verankert sich ihr kräftiges Wurzelgeflecht in ein bis zwei Meter Wassertiefe (selten mehr) im schlammigen Grund. Damit sie ihre Blüten über die Wasseroberfläche heben kann, bringt sie mühelos drei Meter lange Blütenstiele hervor, die längsten im Pflanzenreich.

Rekordverdächtige Blätter

Auch ihre schwimmenden Blätter sind beeindruckende Konstruktionen: Kleine Luftpolster zwischen den einzelnen Zellen der Blätter und Blattstiele ermöglichen der kräftigen Pflanze, ihr Gewicht vom Wasser tragen zu lassen.

Eine in Südamerika heimische Seerosenart bringt die imposantesten Blätter hervor: *Victoria amazonica* schiebt zunächst eine stachlige Blattknospe aus dem Wasser, aus der sich dann binnen Stunden ein Blatt entfaltet. Es hat einen aufgebogenen Rand, mit dem es die Blätter anderer Pflanzen beiseite schieben kann. Schon nach einem Tag bedeckt das Blatt eine Fläche von einem halben Quadratmeter, und es wächst und wächst – bis es einen Durchmesser von etwa zwei Metern erreicht hat! Eine einzelne Pflanze kann 50 solcher monströsen Blätter hervorbringen und ein ganzes Gewässer bedecken.

Für derart viel Biomasse ist die Pflanze auf große Mengen von Nährstoffen angewiesen. See- »→

Etwa 50 Seerosenarten existieren weltweit. Eine der umfassendsten Sammlungen beherbergt der Botanische Garten in Berlin.

Die heimische Art *Nymphaea alba* ist ein Tagblüher. Die Kelche etlicher tropischer Spezies öffnen sich dagegen in der Nacht.

Der Seerosenteich, den Claude Monet wieder und wieder auf Leinwand bannte, ist im französischen Dorf Giverny zu bestaunen.

Verlockung

Die dottergelben Staubgefäße im Zentrum der Blüte locken Fliegen und kleine Käfer an – die Bestäuber der Seerose

Das *Spektakel der Blüte* ist nur von kurzer Dauer

Oft haben sich die Blüten schon nach drei Tagen verbraucht. Dann werden sie unter Wasser gezogen, wo sie Samen bilden

Selten öffnet sich eine Blüte auch unter Wasser. Durch ein raffiniertes Belüftungssystem gelangt Luft von den Blättern durch die Stiele bis hinunter ins Wurzelwerk der Pflanze

Seerosen verbreiten sich durch schwimmende Samen. Damit diese irgendwann auf den Grund sinken können, fault ihr luftgefüllter Mantel nach einiger Zeit ab.

Wilde Spezialisten

Einige Arten haben sich meisterhaft an besondere Bedingungen angepasst

Thermenseerose
Kommt nur in einem einzigen Tümpel in Rumänien vor, in dem sich Thermalwasser mehrerer Quellen sammelt

Brasilianische Seerose
Öffnet ihre Blüten in der Dunkelheit und lockt Käfer an, die sie einen Tag lang im Kelch einschließt

Blaue Kapseerose
Wurde erstmalig am Kap der Guten Hoffnung in Südafrika entdeckt. Ihre Knollen können jahrelang im trockenen Sand überleben

rosen zählen daher zu den „Starkzehrern“, wie Biologen sagen: Sie rauben ihrem Boden eine Menge Kraft. Daher graben sich ihre Wurzeln bevorzugt in besonders humusreichen, dichten Schlick.

Eine innere Belüftung

Eine lebenswichtige Substanz ist dort allerdings kaum vorhanden: Sauerstoff. Doch auch eine Seerose muss atmen, auch ihre Zellen sind auf das Gas angewiesen. Um den Sauerstoff in ihrem Körper verteilen zu können, durchzieht ein raffiniertes, luftiges Gewebe alle Blätter und Blattstiele und reicht bis hinein in den Wurzelstock.

Besonders gut untersucht ist dieses System aus Belüftungsröhren und -kammern bei der Gelben Teichrose *(Nuphar lutea)*. Es funktioniert so gut, dass Wissenschaftler von „internen Winden“ sprechen, die durch die Pflanze ziehen – mit Geschwindigkeiten von bis zu 50 cm/min. Angetrieben wird der Mechanismus durch eine verlässliche Kraftquelle: Sonnenenergie.

Und so atmet die Seerose: Jüngere Blätter nehmen über winzige Öffnungen auf ihrer Oberseite Frischluft auf. Sobald die Sonne diese im Blatt eingeschlossene Luft erwärmt, dehnt sie sich aus. So entsteht ein Druck, der das sauerstoffreiche Gasgemisch durch das Belüftungsgewebe zum Spross und zu den Wurzeln presst. Alle Zellen, an denen es vorbeiströmt, können nun Sauerstoff aufnehmen.

Anschließend fließt die verbrauchte Luft über ältere Blätter wieder ab. Diese enthalten deutlich größere Hohlräume als die jungen Blätter, sodass die angestaute Luft im unteren Teil der Pflanze einen schnellen Weg an die Wasseroberfläche findet.

Auf diese Weise zieht stets ein frisches Lüftchen durch die Seerose hindurch, was ebenso anderen Lebewesen zugutekommt: Ein Teil des Sauerstoffs gelangt nämlich auch in den Schlick, in dem die Pflanze wurzelt, und verbessert dort die Lebensbedingungen für viele weitere Wasserorganismen.

Eine Seerose, die Luft holt und wieder ausatmet – fast wie wir Menschen: Wer sich diese Eigenschaft der schwimmenden Schönheit vergegenwärtigt, wird sie beim nächsten Ausflug an einen Tümpel gewiss mit anderen Augen sehen.

Zeitiges Erscheinen empfiehlt sich jedoch! Schon am späten Nachmittag schließt die Nymphe ihre Blütenkelche wieder. Bis sie – mit etwas Glück – am nächsten Tag, nach langem Schlaf, von der Sonne erneut geweckt wird.

Messungen haben ergeben, dass der Wurzelstock einer Gelben Teichrose täglich von mehr als 20 Litern Luft durchströmt wird.

Im Mittelalter galt die Weiße Seerose als Symbol der Keuschheit. Mönche nutzten den Saft, um ihren Sexualtrieb zu dämpfen.

Der Wurzelstock der Seerose enthält eine Reihe von Gerbstoffen. Daher wurde er früher zum Gerben von Leder benutzt.

Wieso blüht die *Herbstzeitlose* erst im Herbst?

Text: Claus Peter Simon Illustration: Anastasia Mattern

Das violette Zwiebelgewächs läuft zur Höchstform auf, wenn andere Blütenpflanzen längst erschlafft sind – eine geschickte Strategie im Kampf um das Überleben

Ab Spätsommer blüht die Herbstzeitlose auf – im Frühjahr ist sie unscheinbar

Ihre Blüten erinnern an Krokusse; botanisch verwandt sind die Arten aber nicht

Alle Teile der Pflanze sind giftig: eine Gefahr für junge Weidetiere

Die meisten Blumen entfalten ihre Pracht im Frühjahr und sind im Herbst eher schmucklos. Die blass violetten Blütenkelche der Herbstzeitlose dagegen leuchten erst zwischen August und Oktober auf Wiesen und Weiden.

Vermutlich optimiert die bis zu 40 Zentimeter hohe Pflanze auf diese Weise ihre Fortpflanzung – denn Bestäuber werden so kaum durch andere Blüten abgelenkt. Überdies können die klebrigen Samen, die oft von Ameisen verbreitet werden, im kommenden Frühjahr reifen, wenn es warm und sonnig ist.

Dank seiner Knolle, die Wasser und Nährstoffe speichert, kann das Zwiebelgewächs sogar heiße Sommer überstehen. Nach der Blüte stirbt die zwar ab, aber aus Seitensprossen entstehen Tochterknollen, die im Jahr darauf Blüten treiben. So entstehen an günstigen Standorten mitunter regelrechte Teppiche von Herbstzeitlosen. Daher wird sie gern für Gärten genutzt.

Allerdings sollten Kinder nicht unbeaufsichtigt in der Nähe dieser Pflanzen spielen. Denn sie sind hochgiftig, vor allem die Blüten, aber auch Knollen, Blätter und Samen.

Das in der Pflanze enthaltene Zellgift hat allerdings auch guten Seiten: Aus den Samen gewonnen, lindert es höchst effizient die schmerzhaften Symptome eines Gichtanfalls, zudem wird es gegen rheumatische Erkrankungen und verschiedene Herzleiden eingesetzt.

Der wissenschaftliche Name der Pflanze, *Colchicum autumnale*, geht zurück auf eine sagenumwobene Landschaft namens Colchis am Schwarzen Meer. Dort soll der Legende nach eine Giftmischerin einen pflanzlichen Zaubertrank gebraut haben, der ihren Schwiegervater verjüngen sollte. Davon fielen einige Tropfen auf den Boden, aus denen dann die Herbstzeitlose entstand. Ob der Trank allerdings im Herbst angerührt wurde, ist nicht überliefert. ●

Leben im Rhythmus der Herde

Keine Termine, kein Lärm, kein Stress: Fern der Zivilisation streift Felix Steinhagen mit seinen Schafen durch die Fränkische Schweiz – und ist ganz eins mit der Natur

Text: Felix Steinhagen
Fotos: Anne Gabriel-Jürgens

Mehr als 1000 Merino-Landschafe und einige Ziegen zählt Steinhagens Herde. Im Herbst wird es Zeit, aufzubrechen: zu den entfernten Winterweiden

Zu manchen Tieren ist die Beziehung besonders eng

Viele *Städter* sehnen sich nach genau dieser *Einfachheit*

M

Mir war schon früh klar, dass ich Schäfer werden wollte. Bereits mein Vater hatte eine Herde, und ich mochte die Tiere sehr. Heute ziehe ich mit 1000 Merino-Landschafen umher. Wenn ich bei ihnen bin, sehe ich am Horizont die Wälder der Fränkischen Alb. Rings um uns wachsen Wacholdersträucher, Eschen, Mehlbeeren. Der Duft von wildem Thymian umweht uns.

Und Stille.

Am Ende ist sie vermutlich der wichtigste Grund dafür, dass die Schafe mein Leben geworden sind. Mit den schweigsamen Tieren ist es oft einfacher als mit den Menschen.

Hier bin ich den ganzen Tag sozusagen der Leithammel. Mit lauter Stimme gebe ich das Kommando, wenn wir weiterziehen. Als Erstes folgen mir dann meine rund 50 Leitschafe, dann der Rest. Leitschafe sind die alten, von Natur aus dominant veranlagten Tiere. Zu ihnen habe ich eine besondere Beziehung.

Oft kommen sie im Laufe des Tages angelaufen, um sich ein paar Streicheleien abzuholen. Es sind durchaus unterschiedliche Persönlichkeiten. Manche schmiegen sich eng an mich, wenn wir weiterziehen, andere laufen am liebsten einen Meter vor mir, als wollten sie auch mich noch dominieren.

1 600 000

Schafe grasen auf deutschen Weiden. Doch ihre Zahl nimmt ab, weil sich der Schäferberuf kaum noch lohnt

Ich stehe bei jedem Wetter oft stundenlang auf meinen Stock gestützt und schaue in die Natur. Ich beobachte die hinkenden Tiere, die sich vielleicht beim Tritt in ein Mausloch die Beine verknackst haben, schaue, was die Schafe fressen und wie viel. Und ab und zu schicke ich die Hunde los, um Ausreißer einzufangen.

Ich tue, was getan werden muss.

Lege mir zum Beispiel ein Tier über die Schultern und schneide ihm mit dem Messer einen eingetretenen Splitter aus der Klaue. Oder ich ➻

Das Lamm sucht die Nähe seiner Mutter. Anhand ihrer Rufe erkennen die beiden einander auch unter Hunderten wieder

Hirte und Hund sind ein eingespieltes Team: Auf Kommando treibt das Tier die Herde zusammen

An manchen Tagen legt die Herde bis zu

30

Kilometer zurück

Alles im Blick

Oft beobachtet Steinhagen einfach nur: Ist die Herde unruhig? Hat sich ein Schaf verletzt und braucht Hilfe?

Der Schäfer geht voran, die rund 50 dominanten Leitschafe folgen gehorsam. Der Rest der Herde trabt hinterher

Neugeborenes

Lämmchen sind besonders anfällig für Krankheiten. Eine Entzündung kann für sie lebensbedrohlich sein

Felix Steinhagen gibt seinen Tieren nie einen *Namen*. Das wäre zu viel *Nähe*

Binnen weniger Stunden ist der Boden abgegrast – und die Herde muss weiterziehen

Sobald ein Schaf die Gruppe verlässt, treibt der Hund es wieder zurück

Ziegen sind dickköpfiger als Schafe und gehen oft ihre eigenen Wege

fülle Wasser aus dem Tankwagen an meinem Traktor in die Wannen, die ich in einem Halbkreis aufstelle.

Zweimal am Tag trinken die Schafe so lange, bis ihnen die Lust vergeht. Und sie wieder fressen wollen.

Nähe und Distanz

Die engste Beziehung habe ich zu Schafen, die ich mit der Flasche großgezogen habe, weil ihre Mutter sie vielleicht verstoßen hat oder gestorben ist. Solche Tiere sind besonders zutraulich. Ich würde ihnen aber nie einen Namen geben; denn das wäre zu viel Nähe.

Der Deutsche Schäferhund wird seit

1895

als Arbeitstier geschätzt. Er gilt als ausdauernd, gelehrig und eigenständig

Ohnehin muss ich mich auch ein wenig von den Tieren abgrenzen. Wenn ich die Lämmer über die Wiese springen sehe, geht mir zwar das Herz auf – aber ich weiß auch, dass ich sie nach vier Monaten zum Schlachter geben werde. Das ist einfach ein Teil meines Berufs und meines Einkommens.

Meist folgt mein Tagesablauf dem gleichen Muster: Vormittags grasen die Schafe, während ich zusammen mit meinen Hütehunden aufpasse, dass sich keines zu weit von der Herde entfernt. Mittags legen sich die Tiere in den Schatten, um zu ruhen und wiederzukäuen. Das ist für mich die Gelegenheit, Tiere zu untersuchen, die sich Dornen oder Steine eingetreten haben, und die dann herauszuschneiden.

Nachmittags grasen die Tiere noch einmal für vier Stunden, abends treibe ich sie zusammen und ziehe einen Elektrozaun um die Herde.

Gegen neun Uhr kann ich dann nach Hause zu meiner Familie fahren. Ich wohne etwa eine ➳

Regelmäßig kontrolliert der Schäfer die Klauen und entfernt mögliche Splitter behutsam mit einem Messer

ENTSCHLEUNIGUNG

Wie wäre es mit Lama-Trekking?

Studien belegen: Der Kontakt zu Tieren wirkt ungemein beruhigend. Und doch begegnen wir ihnen im Alltag immer seltener. Spezielle Freizeitangebote sollen das ändern

Man muss kein Schäfer sein, um **Tieren** eine Zeit lang sehr nahe zu kommen – und die wohltuende, beruhigende Wirkung ihrer Gesellschaft selbst zu erleben. Ob Wandern mit Eseln, Trekking mit Alpakas oder Spaziergänge mit Ziegen: Bundesweit gibt es viele Angebote, ein paar Stunden mit Tieren zu verbringen, allein oder in der Gruppe.

Die Grenzen zwischen schlichter Entspannung und **therapeutischer Hilfe** sind dabei oft fließend, etwa beim aus den Niederlanden nach Deutschland importierten „Kuh-Kuscheln". Dabei kann man bei einer Kuh zu Gast sein, sich an den warmen und weichen Körper schmiegen, während das Tier im Stroh lagert und wiederkäut. Nicht jeder mag auf Anhieb einem so großen Geschöpf derart nah kommen. Aber wer sich vorsichtig heranwagt, dem eröffnen sich oft wunderbare **Erlebnisse**.

Ihre Neugier und Sanftmut macht Lamas zu idealen Begleitern. Nur Streicheln mögen sie nicht so gern

Denn Forscher wissen aus Studien: Die intensive Begegnung mit Tieren kann messbar entspannen, beruhigen, körperliche Symptome von Stress dämpfen. Der Kontakt senkt etwa Blutdruck und Puls, mindert die Ausschüttung des **Stresshormons** Kortisol und erhöht die des Bindungshormons Oxytocin.

Auch kommt es zu positiven psychischen Effekten: vor allem, indem wir erleben können, wie uns andere Wesen vorurteilsfrei akzeptieren, unsere Nähe suchen, uns brauchen, zum Lachen bringen. Erlebnisse, die mit Menschen manchmal zu selten gelingen.

Deshalb kommen Tiere zunehmend auch in **medizinischen Bereichen** zum Einsatz, etwa als Ergänzung in der Behandlung von Burnout oder Depression. Manche Kliniken setzen speziell ausgebildete Therapiehunde ein oder lassen **Therapietiere** mit ihren Haltern auf das Klinikgelände kommen, zum Beispiel Lamas, die von Patienten geführt werden können. So wird aus der Nähe zu den Tieren weit mehr als ein Zeitvertreib.

Im Herbst brechen die Schafe zu den 100 Kilometer entfernten Winterwiesen auf

Merino-Landschafe stammen ursprünglich aus Nordafrika. Sie sind robust und liefern besonders viel Fleisch sowie Wolle.

Die Wolle der Merino-Schafe ist äußerst hochwertig. Ein erwachsenes Tier liefert zwei bis drei Kilo des feinen Rohstoffs im Jahr.

Hierzulande leben Schäfer meist von Fleischverkauf und Landschaftspflege – die Tiere halten Gräser kurz und verbessern den Boden.

Wenn sie nicht gerade mit Fressen beschäftigt sind, trinken die Schafe Wasser aus einer Wanne

Sieben Tage die Woche, oft 14 Stunden am Tag werden die Tiere versorgt: Für Urlaub ist keine Zeit

Durstlöscher

Autostunde von der Herde entfernt. Früher habe ich im Wohnwagen bei den Tieren geschlafen, aber seit den Geburten meiner Töchter will ich wenigstens abends zu Hause sein.

Ich arbeite sieben Tage die Woche, verreise nie. Mit 15 Jahren bin ich einmal für drei Tage an die Nordsee gefahren. Das war nichts für mich. Was man nicht kennt, kann man nicht vermissen. Daran halte ich mich.

Manchmal fragen mich die Leute, weshalb ich mich als Wanderschäfer bezeichne, wo ich doch immer nur herumstehe. Sie sehen einfach meine stete Bewegung nicht. Die Veränderung, so viel langsamer als ihr eigenes Tempo.

Herbstlicher Weidetrieb

Im Sommer muss ich die Herde alle paar Stunden um ein paar Hundert Meter voranschieben. Und jetzt, im Herbst, sind die Sommerweiden abgegrast und der alljährliche Weidetrieb hat begonnen. Jeden Tag gehe ich mit den Tieren langsam voran, aber stetig. Bis wir die etwa 100 Kilometer entfernten Winterweiden erreichen, die ich gepachtet habe.

Die Ausflügler aus der Stadt lieben das Bild vom wandernden Schäfer. Ich bin für sie offenbar ein Spiegel vieler Sehnsüchte: ein Sinnbild für Freiheit, Natur, Frieden. Mich freut das, und ich bin gern eine Inspiration für andere, sich auch mal mit Tieren zu beschäftigen.

Aber auf meiner Reise über Land bin ich nicht immer ein willkommener Gast. Jäger haben Angst, das Wild könnte von den Schafen gestört werden. Und Bauern beschweren sich, die Tiere würden den Boden verdichten und Unkräuter in die Felder tragen.

Ich bin da anderer Meinung, aber die Menschen lassen nur selten mit sich reden. Ihre Provokationen bringen mich nicht aus der Ruhe.

Denn ich weiß: Ich habe mich entschieden. Für ein Leben mit Entbehrungen. Aber auch mit vielen Geschenken.

Wenn ich auf meinen Stab gestützt bei den Schafen stehe, kommt es oft vor, dass ich mich ganz eins fühle mit der Welt: kauende Mäuler, das Geräusch vom Rupfen des Grases; der Wind flüstert, die Grillen zirpen. Und ich stehe mitten dazwischen, atme die Ruhe.

Mehr brauche ich nicht.

GEO Shop
Das Beste von GEO zum Bestellen

59,00 €

GEO Bildband „Die Erde von oben“

Der GEO-Fotograf Yann Arthus-Bertrand fotografierte die interessantesten Landschaften und Bauwerke, Dörfer, Städte und Länder der Welt aus geringer Höhe von oben. Das Buch ist ein außergewöhnliches Porträt unseres Planeten mit Einblicken in die Kultur der Menschen.

Maße: 28,5x36,5 cm, 440 Seiten
Best.-Nr.: G647200
Preise: 60,70 € (A)/78.90 Fr. (CH)

GEO Bildband „Wildlife Fotografien des Jahres, Portfolio 28“

Die besten Naturfotografien des Jahres 2018: Der Wettbewerb »Wildlife Photographer of the Year« prämiert herausragende künstlerische Aufnahmen der Natur. Die 100 besten Bilder der Sieger 2018 zeigt dieser Band mit einem Begleittext, der die Entstehungsumstände spannend beschreibt. Er zeigt meisterhafte Beispiele von Tier- und Landschaftsbildern, die unseren Planeten in seiner Schönheit und Zerbrechlichkeit zeigen.

Maße: ca. 25x25 cm
Best.-Nr.: G729241
Preise: 36,00 € (A)/47.90 Fr. (CH)

35,00 €

Coupon einfach ausfüllen, ausschneiden und senden an: GEO Kundenservice, 74569 Blaufelden

GEO-Bestellcoupon – versandkostenfreie Lieferung ab 80,– €!

Ich bestelle folgende Artikel:

Produktbezeichnung	Best.-Nr.	Preis D	Menge
☐ GEO Bildband „Portraits – Die Schönheit der Insekten“	G729240	39,99 €	
☐ GEO Bildband „166 Tage im All“	G729137	40,00 €	
☐ GEO Bildband „Neue Weltbilder“	G729213	40,00 €	
☐ GEO Bildband „Sturmjäger“	G729239	39,99 €	
☐ GEO Bildband „Die Erde von oben“	G647200	59,00 €	
☐ GEO Bildband „Wildlife Fotografien des Jahres, Portfolio 28“	G729241	35,00 €	
Gesamtsumme: (zzgl. 3,90 € Versandkosten, versandkostenfreie Lieferung ab einem Bestellwert von 80,00 €)			

Meine persönlichen Angaben: (bitte unbedingt ausfüllen)

Abonnentennummer (wenn vorhanden)

Name I Vorname

Geburtsdatum

Straße I Nummer

PLZ I Wohnort

Telefon

E-Mail

☐ Ja, ich bin damit einverstanden, dass GEO und Gruner+Jahr mich künftig per E-Mail oder Telefon über interessante Medien- und Produktangebote ihrer Marken informieren. Der Nutzung meiner Daten kann ich jederzeit widersprechen.

☐ **Ich zahle per Rechnung**

☐ **Ich zahle bequem per Bankeinzug** (nur in Deutschland möglich)

BIC

IBAN

Bankinstitut

SEPA-Lastschriftmandat: Ich ermächtige die Gruner+Jahr GmbH, Am Baumwall 11, 20459 Hamburg, Gläubiger-Identifikationsnummer DE31ZZZ00000031421, wiederkehrende Zahlungen von meinem Konto mittels Lastschrift einzuziehen. Zugleich weise ich mein Kreditinstitut an, die von der Gruner+Jahr GmbH auf mein Konto gezogenen Lastschriften einzulösen. Die Mandatsreferenz wird mir separat mitgeteilt. **Hinweis:** Ich kann innerhalb von 8 Wochen, beginnend mit dem Belastungsdatum, die Erstattung des belasteten Betrages verlangen. Es gelten dabei die mit meinem Kreditinstitut vereinbarten Bedingungen.

Auslandspreise auf Anfrage.

Widerrufsrecht: Sie können die Bestellung binnen 14 Tagen ohne Angabe von Gründen formlos widerrufen. Die Frist beginnt an dem Tag, an dem Sie die Lieferung erhalten, nicht jedoch vor Erhalt einer Widerrufsbelehrung gemäß den Anforderungen von Art. 246a § 1 Abs. 2 Nr. 1 EGBGB. Zur Wahrung der Frist genügt bereits das rechtzeitige Absenden ihres eindeutig erklärten Entschlusses, die Bestellung zu widerrufen. Sie können hierzu das Widerrufs-Muster aus Anlage 2 zu Art. 246a EGBGB nutzen. Der Widerruf ist zu richten an: GEO Versandservice, 74569 Blaufelden; Telefon:+49(0)40-42236427; Telefax: +49(0)40-42236663; E-Mail: guj@sigloch.de

Datum I Unterschrift

Aktionsnr.: G00161

Rund
30000
Blätter wirft ein typischer Laubbaum im Herbst ab

Für viele Menschen ist der Herbst die schönste Jahreszeit – die leuchtenden Farbtöne der Blätter sind das Ergebnis eines botanischen Recyclingprozesses

Was sich Spaziergängern als zauberhafte Verwandlung präsentiert, ist für die Bäume ein Überlebensschutz für den Winter

Im Rausch der Farben

Text: Sebastian Witte

Im Spätsommer, zum Beginn des Herbstes, wenn die Laubbäume erschöpft sind am Ende einer anstrengenden Saison, laufen sie noch einmal zur Höchstform auf – und entledigen sich mit einem überwältigenden Schauspiel ihres Blattwerks. Wozu eigentlich?

Rund
1000
Quadratmeter könnten die Blätter eines Baumes bedecken

In den Blättern kommen nun gelbliche Farbstoffe zum Vorschein, die bislang vom grünen Chlorophyll überdeckt wurden

Das *Blattgrün* schwindet, weil der Baum einen wertvollen Stoff abpumpt und ihn im Stamm speichert

Würden die Bäume ihr Laub behalten, könnten *Winterstürme* sie viel leichter umpusten

Durch Regenfälle aufgeweicht, findet ein Baum im Herbst und Winter oft schlechter Halt als zu anderen Zeiten

Mit der Kraft von **200** *Tonnen zerrt ein Sturm mitunter an den Stämmen*

Bäume entledigen sich der Blätter, indem sie eine *Trennschicht* ausbilden, die die Verbindung zu den Zweigen löst

Schmuckstück

Ahornarten produzieren spezielle chemische Verbindungen im Herbst, die Blätter oft tiefrot färben

Durch das Ausdünnen der Kronen erhalten die Jungbäume am Boden nun mehr Licht

Laubliebhaber

Die kräftig leuchtenden Farben sollen Blattläuse und andere Insekten abschrecken

Jedes Jahr im Herbst, wenn die Tage kürzer werden und die Temperaturen sinken, führt die Natur ein überwältigendes Schauspiel auf. Die zuvor in Grün gehüllten Laubwälder entflammen nun in leuchtenden Tönen: Von blassem Rosa über Rostrot bis zu sattem Purpur reichen die Nuancen, von lichtem Ocker bis zu knalligem Orange.

Wer jetzt durch einen Park, einen Wald oder den eigenen Garten streift, der erlebt ein Fest der Farben, die Wildnis im Wandel. Ein paar Wochen lang hüllen sich Bäume und Büsche ins herbstliche Gewand, dann ist das visuelle Feuerwerk vorbei. Denn der betörende Farbenrausch ist der Vorbote des Todes: Bald werden die Blätter vertrocknen, abfallen, verfaulen. Die Bäume opfern sie – um selber den Winter zu überstehen.

Der Grund: Bei der kurzen Sonnenscheindauer und den niedrigen Temperaturen im Winter würde das Laub kaum Vorteile bringen, zugleich aber das Risiko von Sturm- und Schneeschäden erhöhen. Zudem würden ohnehin viele Blätter durch Frost und schlechte Wasserversorgung verloren gehen.

Daher trennt sich der Baum im Herbst gezielt von seinem Laub und versucht zuvor noch, möglichst viele der wertvollen, oft mühsam aus dem Boden aufgenommenen Stoffe zu retten, die in den Blättern gebunden sind – etwa den besonders wichtigen Stickstoff sowie Phosphor, Schwefel, Kalium und Magnesium.

Dynamisches Innenleben

Das Leben in den Blättern pulsiert daher ausgerechnet im Herbst besonders intensiv. Zu kaum einem Zeitpunkt ist der Stoffwechsel dort so aktiv wie in diesen Tagen: 60 Prozent aller Eiweißverbindungen in den Blättern werden umgeformt – sie werden aufgespalten und über die Zweige schließlich zum Stamm abtransportiert und dort den Winter über gespeichert.

Damit die für den Baum äußerst wichtige Recyclingaktion fehlerlos abläuft, zerlegt er auch den grünen Stoff Chlorophyll, mit dem die Blätter aus dem Sonnenlicht Energie gewinnen. Während das Grün »→

Minus

5

Grad Celsius ist die Temperatur, bei der alle Bäume ihren Winterschlaf beginnen

Bäume werfen ihre Blätter auch deshalb ab, weil sie im Winter zu verdursten drohen: Ihr Blattwerk würde Wasser verdunsten, aber aus gefrorenen Böden könnten sie keinen Nachschub bekommen.

In Töpfe gepflanzt, können Eichen und Buchen den Winter im Schuppen nicht überleben: Denn dort kommen sie nicht – anders als in der Natur – zur Ruhe und sterben meist schon im ersten Jahr.

Rohstoff

Mit den Blättern entsorgen Bäume auch die auf ihnen angesammelten *Schmutzpartikel*

Auf dem Waldboden zersetzen Pilze und Bakterien das Laub über Monate und Jahre hinweg zu Humus

Nüssesammler

Bis zu

25

Kilo Laub wirft eine Rosskastanie ab

auf diese Weise allmählich aus den Blättern schwindet, kommen andere Farbstoffe zum Vorschein, die zuvor überdeckt waren – vor allem gelbliche Karotinoide; die hält der Baum in seinen Blättern vor, weil sie aggressive Moleküle unschädlich machen, die bei der Photosynthese entstehen.

Farbstoffe mit Funktion

Und so entfalten die Laubträger nach und nach ihren herbstlichen Farbzauber. Die rundlichen Blätter der Birke etwa flammen in Gelb-Orange auf.

Manche Bäume stellen sogar gänzlich neue Farbstoffe her, die dem herbstlichen Laub noch weitere Nuancen geben: Einige Eichen- und Ahornarten bilden eigens bestimmte chemische Verbindungen („Anthocyane"), die die Blätter rot färben.

Welche Funktion diese scheinbar unnötige Produktion von Stoffen hat, die mit den Blättern ja bald abgeworfen werden, ist noch nicht vollends geklärt.

Vermutlich senden die Bäume so eine warnende Botschaft an Insekten, die zum Herbst Eiablageplätze im Geäst suchen. Versuche haben ergeben, dass sich beispielsweise Blattläuse bevorzugt auf grünen oder gelben Flächen niederlassen, rote hingegen meiden.

Möglicherweise werden sie durch den roten Farbton abgeschreckt, weil er in der Natur oft auf pflanzliche Giftstoffe hinweist – und der gleiche Effekt wirkt dann auch bei Blättern, die gar keine toxischen Substanzen enthalten.

Vielleicht dienen die Anthocyane aber auch einem anderen Zweck: Nach einer weiteren Hypothese sorgen sie während der sensiblen Phase des Nährstoffrecyclings und des Chlorophyll-Abbaus für zusätzlichen Lichtschutz. Dies könnte auch erklären, weshalb sich überwiegend jene Blätter tiefrot färben, auf die besonders viel Sonnenlicht trifft, während Blattwerk im Schatten eher gelbliche Töne zeigt.

Nach dem Abwurf verfärbt sich das Laub erneut, wird bräunlich, verfault. Denn der Waldboden ist voller Organismen, die sich nun über das tote, pflanzliche Material hermachen. Unzählige Bakterien und Pilze etwa, die sich von den herabgefallenen Blättern ernähren.

Für die Bäume hat das herbstliche Farbspektakel noch einen weiteren Nutzen: Mit dem Abwerfen der Blätter entsorgen sie zahllose Schmutz- und Giftpartikel, die im Laufe der Saison aus der Umwelt oder als Abbauprodukte aus dem Stoffwechsel ins Innere der grünen Organe gelangt sind und den Baum auf Dauer schädigen könnten.

Ob Ahorn-, Buchen-, oder Lindenblatt: Die im Sommer grünen Organe sind auch eine Art chemische Deponie, die es den tonnenschweren Waldbewohnern ermöglicht, ihren Müll loszuwerden – also gleichsam zur Toilette zu gehen.

Die rauschenden Farben des Herbstes kündigen zwar den Tod Abertausender Blätter an. Doch gerade sie sind ebenso ein Zeichen dafür, dass die Bäume bei bester Gesundheit weiterleben können.

Vor dem Laubfall werden neben dem Chlorophyll auch andere Stoffe aus den Blättern in die Zweige zurückgezogen. Besonders gründlich ist die Eiche: Sie wirft nur noch trocken-braunes Laub ab.

Im Winter, wenn das kahle Gerüst aus Stamm und Ästen zurückbleibt, stellt das Pumpsystem im Inneren der Bäume den Dienst ein und alle Stoffwechselvorgänge kommen zum Erliegen.

Von Grün zu Rot

Hochgefühl

100

Millionen Jahre
liegt die Entwicklung
der ersten Laub-
bäume zurück – Nadel-
bäume gibt es schon
viel länger

Herbstdunst

Rückkehr der Riesen

Fast wären die größten Tiere Deutschlands ausgestorben, doch Naturschützer haben die Wisente gerettet. Eine Herde lebt seit Kurzem in Westfalen – beinahe ganz wild

Text: Katharina Jakob

Meist wirken Wisente tiefenentspannt, doch die rund drei Meter langen Tiere können im Galopp kurzzeitig auf 60 km/h beschleunigen

Nähert sich ihnen *ein Mensch* auf weniger als 50 Meter, ergreifen Wisente die Flucht

Wer vor Jahrhunderten hierzulande in einen Wald wanderte, dem mag das Herz geklopft haben. Denn darin hausten nicht nur Bären und Wölfe, sondern auch Tiere mit Hörnern und mächtigen Buckeln: Wisente, die europäischen Verwandten der amerikanischen Bisons.

Zwar galten die wild lebenden Riesen als friedlich, doch bei ihrem Anblick konnte einem der Atem stocken, weit und breit gab es kein größeres Tier. Meist sah man sie nicht, sie mieden den Menschen. Manchmal jedoch ließ sich so ein Koloss durchs Blattwerk erspähen.

Da graste vielleicht ein Bulle auf einer Lichtung, drei Meter lang und fast zwei Meter hoch. Sein massiger dunkelbrauner Oberkörper passte kaum zum schmalen Hinterleib. Das Gewicht von rund 800 Kilogramm ruhte auf gewaltigen Schultern.

Während der Hüne die Grashalme abrupfte, schnaubte er. Dann und wann hob er den Kopf, schlang seine Zunge um die Blätter eines Baumes. Das Fell vom Vorjahr hing ihm in Fetzen vom Buckel.

Genau so eine Szene lässt sich heute wieder beobachten – mitten in Deutschland. Als hätte sich ein Fenster in die Vergangenheit geöffnet, streifen Wisente im westfälischen Rothaargebirge umher.

Eigentlich sind die Wildrinder hierzulande längst ausgestorben, ungezügelte Jagdlust rottete sie aus. 1755 wurde der letzte Bulle in Ostpreußen erschossen. Doch Richard Prinz zu Sayn-Wittgenstein-Berleburg, ein mittlerweile verstorbener Forstbesitzer aus Westfalen und Herr über rund 12000 Hektar Waldland, fasste im Jahr 2003 gemeinsam mit Artenschützern einen Plan: Der Wisent sollte bei uns wieder heimisch werden.

Spektakuläre Auswilderung

Geeignetes Gelände war vorhanden, es gehörte dem Naturschützer selbst. In den ausgedehnten Buchen- und Fichtenwäldern ist Platz für große Tiere, hier leben Mufflons, Hirsche, Luchse. Die Region, kaum von Straßen durchschnitten, lässt scheuen Waldbewohnern Möglichkeiten des Rückzugs. Das ist vor allem für Wisente wichtig, die fliehen, wenn ein Mensch sich ihnen auf etwa 50 Meter nähert.

Ihre Auswilderung hätte also gute Chancen, befand 2005 eine Machbarkeitsstudie. Unter einer Bedingung: Die Herde musste klein bleiben, mehr als 25 Tiere durften ihr nicht angehören. Überzählige Rinder sollten daher eingefangen und in Wildparks gebracht werden.

Für das Überleben dieser Art zählt jedes Tier, auch weltweit. Je nach Schätzung leben gerade einmal noch 4000 bis 7000 Tiere frei, unter anderem im Bialowieza-Urwald in Polen und Weißruss- ➳

Nachwuchs

Acht Zentner kann ein Wisent auf die Waage bringen, ein Kalb gerade einmal 25 Kilogramm

Alle heute lebenden Wisente stammen von nur zwölf in Zoos und Gehegen aufgewachsenen Tieren ab. Die niedrige genetische Variabilität gilt als eine der wesentlichen Gefahren für den Erhalt der Art.

Die größte Population lebt im Białowieza-Nationalpark in Polen. 1952 wurden dort die ersten Wisente ausgewildert, mehrere Hundert gibt es dort heute, ein Großteil des Weltbestandes.

Rund
50
Kilogramm Grünzeug frisst ein Bulle jeden Tag

Vegetarier

Wildwiesen bieten reichlich Nahrung. Doch auch Baumrinde, junges Laub und Triebe verschmähen die Pflanzenfresser nicht

Die Kühe tragen meist einzelne Kälber aus – wenige Tage nach der Geburt schließen sich beide wieder der Herde an

Mitunter liefern sich *die Bullen* tödliche Kämpfe um die Kühe

Der Amerikanische Bison – der zeitweise ebenfalls fast ausgerottet war – ist ein Verwandter des Wisents, der auch als Europäischer Bison bezeichnet wird

land sowie im Tschernobyl-Sperrgebiet in der Ukraine.

Das genetische Erbe der Wildrinder ist extrem beschränkt, es entstammt gerade einmal zwölf Vorfahren, was die Nachkommen anfällig für Krankheiten macht. Deshalb sollte das deutsche Auswilderungsprojekt, das den Namen „Wisent-Welt-Wittgenstein" erhielt, auch dazu beitragen, den Genpool der Wisente zu stärken.

Im April 2013 war es so weit. Acht Rinder aus deutschen Wildgehegen stapften in die Freiheit. Ein kapitaler Bulle namens Egnar sowie fünf Kühe und zwei Kälbchen stießen nun nicht mehr an den Zaun, der ihr Revier bis dahin umgeben hatte. Sie traten in rund 4300 Hektar freies Waldland – und fühlten sich offenbar schnell heimisch.

Die Herde wächst an

Forscher beobachten die Herde seither genau. Schon 2017 war sie auf 23 Tiere angewachsen, verzeichnete sogar eine Zwillingsgeburt, was bei Wisenten selten vorkommt. Aber sie hatte auch ein Jungtier verloren: Im gleichen Jahr entdeckten die Artenschützer einen verendeten zweijährigen Bullen, dem ein Rivale das Horn in die Brust gestoßen hatte.

Im Spätsommer beginnt bei Wisenten die Brunftzeit. Dann wachsen die vormals kleinen Gruppen aus Kühen und ihren Kälbern zu größeren Herden an; die sonst allein umherziehenden Bullen stoßen dazu. Nur die stärksten unter ihnen paaren sich mit den Weibchen. Doch immer wieder fordert ein Jungtier einen männlichen Artgenossen heraus: Es kommt zum mitunter tödlichen Kampf.

Im Rothaargebirge bietet sich geduldigen, leisen Naturbeobachtern mittlerweile also wieder ein Bild wie vor Jahrhunderten.

Doch es gibt auch Streit um das Auswilderungsprojekt. Denn ein Wisent lebt nicht nur von rund 50 Kilogramm Gras und Laub pro Tag. Er knabbert auch Baumrinde an. Die Waldbauern im Sauerland beklagen sich über Schäden an ihren Buchen, da die Tiere sich nicht an Eigentumsgrenzen halten. Sie verlassen ihr Areal und ziehen durch die Wälder jenseits des Besitzes von Sayn-Wittgenstein-Berleburg, überqueren Straßen.

Nun gibt es nach Jahren erbitterter juristischer Kämpfe einen Kompromiss: Die Herde wird künftig in einem kleineren Revier leben, das noch 1500 Hektar umfassen soll. Und mit der ungehinderten Wanderung durch die Buchenwälder wird es vorbei sein. Ein Zaun, durch den kleinere Wildtiere und Wanderer hindurchpassen sollen, schränkt die Könige der Wälder bald wieder etwas ein.

Doch eines ist gewiss: Die majestätischen Riesen sind zurück in freier Wildbahn. Nach mehr als 200 Jahren.

Wisente, Wildpferde und Auerochsen lebten ursprünglich in den Auwäldern der Tiefebenen, zum Beispiel im Rheintal. Dort gab es freie Flächen mit Gras. Unsere Mittelgebirgswälder sind daher nur ein Notbehelf; eigentlich bräuchten wir für diese Tiere einen weiteren Auwald-Nationalpark.

In Deutschland sind Wisente auch in der Döberitzer Heide bei Berlin anzutreffen: Die »Heinz-Sielmann-Stiftung« hat sie auf einem ehemaligen Truppenübungsgelände angesiedelt.

Natürliche Feinde der Wisente sind lediglich Wölfe und Luchse, doch als großes Herdenwild sind sie nur schwer zu erbeuten – am ehesten noch sind die Kälber gefährdet.

Weshalb hat der *Borkenkäfer* auch gute Seiten?

Text: Sebastian Witte Illustration: Anastasia Mattern

Er ist für den Tod zahlloser Bäume verantwortlich, doch der gefräßige Krabbler kann zuweilen dem Wald sogar nutzen: In Bayern erwies sich die Heimsuchung durch ihn als Glücksfall

Sein Ruf könnte miserabler nicht sein: „Forstschädling" nennt man ihn, eine Plage – oder das „Monster aus dem Wald". Nicht verwunderlich, denn der Borkenkäfer legt seine Brut unter der Borke etwa von Fichten ab, wo die Larven schlüpfen und sich dann durch das Rindengewebe bohren.

Der Fraß zerstört Versorgungskanäle im Baum und kann ihn töten – etwa wenn er durch Trockenheit geschwächt ist und sich nicht wie sonst durch Harztropfen schützen kann, die das eindringende Tier ertränken.

Wenn die Insekten über einen Stamm nach dem anderen herfallen, lassen sie zuweilen ganze Hänge voller Baumskelette zurück: ohne Frage ein Grauen für alle Waldbesitzer, die vom Holzschlag ihr Einkommen bestreiten – gerade wenn wie in den letzten Jahren Dürren die Wälder mehr und mehr schwächen.

Doch die Katastrophe kann fruchtbar sein: Als sich der Borkenkäfer Ende der 1990er Jahre über den Bayerischen Wald hermachte und weite Teile so gut wie vernichtete, befürchteten viele Skeptiker, dort würde nie wieder ein vitales Biotop entstehen. Weit gefehlt: Zwischen den bleichen Holzgerippen wächst heute christbaumhoher Jungwald – Ebereschen, Buchen, Tannen, Fichten, dicht und wild durcheinander. Moose und Flechten überziehen umgestürzte Stämme, unter Wurzeltellern huschen Frösche und Molche durch Pfützen.

Es zeigte sich: Der Borkenkäfer hatte leichtes Spiel in monoton angelegten Fichtenforsten, deren Bäume mit Trockenheit generell schwer zurechtkommen. Und machte den Weg frei für einen neuen, urwüchsigen Wald. Lebensraum für seltene Spezies: Vom Goldfüßigen Schnellkäfer bis zum Habichtskauz finden zwischen Totholz und Neuwuchs solche Arten, die andernorts längst verschwunden sind, eine Nische zum Leben.

So gesehen erwies sich der Borkenkäfer als eine Art Geburtshelfer für mehr Artenvielfalt. ●

Expedition vor der Haustür

Die Elbinsel Neßsand ist für Besucher tabu. Ungestört soll sich die Wildnis entfalten. Nur einmal im Jahr am GEO-Tag der Natur dürfen Gäste das Eiland erkunden

Text: Petra Nickisch-Kohnke

Martin Husemann leitet die Abteilung für Insektenkunde am Centrum für Naturkunde in Hamburg

Rund

170

Hektar groß ist die Insel Neßsand in der Elbe

Aus der Elbe bei Hamburg erheben sich schmale Inseln: Auf Neßsand (Bildmitte) ist die Natur streng geschützt

Schätze fürs Labor

Rund
580
Wildbienen-Arten gibt es in Deutschland

Viele Insekten lassen sich im Feld nicht exakt bestimmen. Daher sammeln die Wissenschaftler einzelne Exemplare, um sie später im Labor zu untersuchen

Auf der Inseltour geht es querfeldein: Am GEO-Tag der Natur erforschen Wissenschaftler Flora und Fauna von Neßsand – und Naturbegeisterte können den Biologen dabei helfen

Ebbe und Flut verändern beständig die Ufer der Insel, auf der auch das Grüne Heupferd zu Hause ist

Das Ergebnis der **Exkursion** ist wichtig für den **Naturschutz** an der Elbe

Ausgerüstet mit Kescher und Notizblock kommt rasch das Gefühl auf, ein Forscher auf unbekanntem Terrain zu sein – wo sich auch manche Entdeckung machen lässt. Etwa die Larve eines Marienkäfers (unten)

Die Steinhummel, eine von vielen Wildbienen auf Neßsand

Lange, gegliederte Fühler? Das muss ein Vertreter der riesigen Insektenfamilie der Bockkäfer sein

Ein Gras, das die Gezeiten liebt: Die Elbe-Rasenschmiele ist ausschließlich bei Hamburg zu finden

Ich merke, welche **Freude** es macht, Insekten aufzuspüren. Es gleicht einer **Schatzsuche**

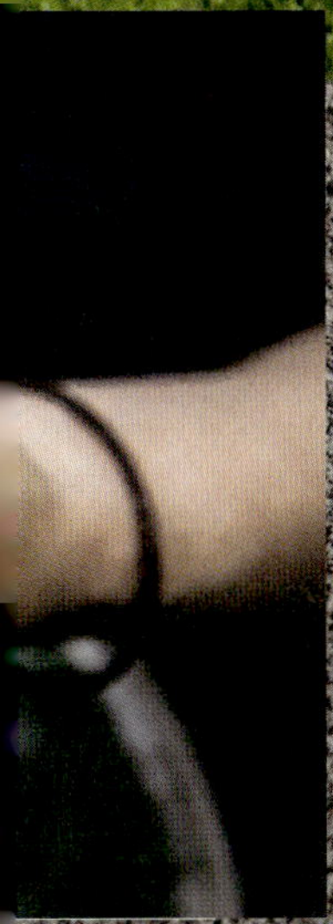

Etwa

60

Vogelarten brüten auf Neßsand

Wer einen Fuß auf Neßsand setzen möchte, kann das nur mit Genehmigung an bestimmten Landestellen. Denn normalerweise dürfen an den Sandstränden nur die Einheimischen des Eilands spazieren gehen: die Vögel

A

Ausgesetzt auf einer Elbinsel, die für Besucher sonst tabu ist. Inmitten von summenden Insekten, die dort einen ungestörten Lebensraum vorfinden: Das hört sich nach einem kleinen Abenteuer an – zumal ich eine Wespe kaum von einer Schwebfliege unterscheiden kann.

Deshalb melde ich mich zu einer Expedition auf die Insel Neßsand an, eine von mehr als 400 Veranstaltungen beim „GEO-Tag der Natur" (siehe Seite 64). In ganz Deutschland kommen dabei Jahr für Jahr Experten und Laien zusammen, um in unterschiedlichen Biotopen gemeinsam die Natur zu erkunden, Organismen zu bestimmen – und so einen Überblick über die Vielfalt der Arten zu gewinnen. Und das seit mehr als 20 Jahren.

Unsere Gruppe wird mit einem Boot über die Elbe nach Neßsand gebracht. Die langgestreckte Insel ist ein Naturschutzgebiet, und niemand darf diese Oase normalerweise betreten; nur ein Naturschutzwart, ab und zu ein paar Biologen – und jetzt wir.

Auf der Insel empfängt uns Martin Husemann. Der Wissenschaftler leitet am Centrum für Naturkunde an der Universität Hamburg die Abteilung für Insekten. Kaum hat er ein paar Worte gesprochen, landet schon ein erster Bewohner von Neßsand auf seinem Ärmel: ein Rüsselkäfer. Wir betrachten das Insekt genau, seinen langen Rüssel. Dann darf es wieder ins Grüne flitzen – und wir starten zur Inseltour.

Mit Kescher auf Beutefang

Auf einem Trampelpfad geht es durch hohes Gras, über Baumwurzeln, zwischen Büschen hindurch. Unterwegs sammelt Husemann hier und da Insekten von den Halmen oder fängt sie mit einem Kescher.

„Das Keschern ist ein bisschen Glückssache", sagt Husemann. „Aber nur so finden wir Insekten, die wir sonst nicht entdecken würden."

Geübt inspiziert der Wissenschaftler die Beute, die sich in den feinen Maschen verfängt: eine Goldschrecke etwa, die tatsächlich golden schimmert, oder Zikaden und Wanzen, eine metallisch aussehende Spinne. Die meisten Tiere lässt Husemann sofort wieder frei. Manchmal lässt er ein Exemplar aber in einem Röhrchen mit ein wenig Alkohol verschwinden.

Denn die meisten Insekten, erklärt er, lassen sich nicht einfach im freien Feld bestimmen. Dafür gibt es zu viele, zu ähnliche. Erst im Labor, mit Pinzette, Mikroskop und Genanalyse, lässt sich die Art genau erkennen. ➳

Ausgesetzt auf einer unbewohnten **Insel?** Das kleine **Abenteuer** lockt mich

Ungestört können sich seltene Arten auf Neßsand entfalten, etwa ein Scheinbockkäfer

Forscher und Amateure kommen häufig zu gemeinsamen Projekten zusammen. Wer Lust hat, Wissenschaftler zu unterstützen, findet im Internet Kontakt auf www.buergerschaffenwissen.de.

Ob Kenner oder Laie: Das Buch »Die wunderbare Welt der Insekten« von Bart Rossel und Medy Oberendorff zieht jeden mit brillanten Illustrationen und verblüffenden Texten in seinen Bann.

Schon

1952

wurde die Elbinsel unter Naturschutz gestellt

Mehr als zwei Kilometer breit ist die Unterelbe vor Hamburg – aber so flach, dass sich sandige Inseln aus dem Strom erheben

Nur mit Geschicklichkeit und der richtigen Ausrüstung lassen sich Insekten fangen. Sonst sind sie schnell entwischt

Sukkulenten speichern Wasser, um trockene Zeiten zu überdauern

Verwilderter Spargel liebt sandige Böden – und bietet vielen Insekten Nahrung

Um Neßsand zu schützen, müssen Experten die Arten dort bestimmen

Auf der Elbinsel ist die Natur noch vielfältig, von Monokultur keine Rede

AKTION

Mit GEO die Natur erleben

Einmal im Jahr können Laien in den schönsten Landschaften von Deutschland selbst zu Naturforschern werden

Seit zwei Jahrzehnten treffen sich am GEO-Tag der Natur Fachleute und Interessierte mit dem Ziel, binnen 24 Stunden möglichst viele Arten zu finden, zu bestimmen und so die Natur besser kennenzulernen. Jedes Jahr werden dafür bundesweit etwa 400 Aktionen angeboten, von Universitäten, Schulen, Umweltverbänden, Museen oder Privatpersonen. Allein in diesem Sommer machten sich mehr als 15 000 Teilnehmer auf, das Grün vor ihrer Haustür zu erkunden. Der nächste GEO-Tag der Natur findet im Sommer 2020 statt, ausführliche Informationen dazu wird die Webseite bieten: www.geo-tagdernatur.de

Solche „Aufsammlungen", wie Biologen die Funde nennen, werden anschließend in zoologischen Archiven katalogisiert und verwahrt. So lässt sich nachvollziehen, wie es um die Artenvielfalt bestellt ist und wie sie sich verändert.

Husemann hält unter anderem nach einer bestimmten Gruppe von Insekten Ausschau: Wildbienen. „Es gibt in Deutschland rund 580 Arten", erklärt er. „Aber viele von ihnen sind heute sehr stark gefährdet". Um einschätzen zu können, welche in Hamburg bedroht sind, erstellt die Deutsche Wildtier Stiftung in Zusammenarbeit mit Wissenschaftlern derzeit eine Rote Liste der Wildbienen und Wespen.

Dazu sollen auch der GEO-Tag der Natur und unsere Exkursion beitragen. Doch der Weg dorthin ist weit: Über Jahre werten Forscher zoologische Sammlungen aus und durchkämmen mehrfach verschiedene Gebiete in Stadt und Region.

„Da, eine Wildbiene, um genau zu sein: eine Steinhummel". Husemann zeigt auf einen beeindruckend dicken Brummer. Hummeln sind Bienen? Streng genommen ja, lerne ich. Hummeln sind eine Gruppe von Wildbienen, etwa 40 Arten gibt es in Deutschland.

Zum ersten Mal sehe ich bewusst hin: Steinhummeln sind gut zu erkennen, erklärt Husemann – der Leib ist schwarz, das Hinterteil leuchtend rotbraun.

Was für eine Vielfalt!

Ich merke, wie viel Freude es macht, Insekten zu fangen, genau zu betrachten, zu bestimmen. Es ist wie eine Schatzsuche.

Ob ich mich auch mal versuche? Als Insektenjägerin? Schnell stelle ich fest: Das Keschern ist gar nicht so einfach. Man muss den richtigen Schwung finden und das Netz geschickt drehen. Sonst ist die Beute schnell entflogen.

Nach und nach lernen wir immer mehr Bewohner des geschützten Inselparadieses kennen: Dünensandlaufkäfer, Schlupfwespen, Lederwanzen, Blatthornkäfer. Und Distelfalter. Diese Schmetterlinge ziehen wie Zugvögel Tausende Kilometer über die Alpen bis in ihr Winterquartier in Afrika.

Hier, so scheint mir, ist die Natur wirklich noch vielfältig, von Monokultur keine Spur. Überall summt und brummt es um mich herum. Vor mir eine Steinhummel! Die kenne ich jetzt: schwarzer Körper, roter Po! Was für ein Glück, selbst etwas zu erkennen in der bunten Vielfalt!

Martin Husemann hat die Gruppe unterdessen zu einer Stelle

Welches Insekt ist das? Die App »Insektenwelt« (für iOS und Android) vom Naturschutzbund NABU hilft, schnell eine Antwort zu finden. Sie verzeichnet zumindest die wichtigsten 120 Arten.

Wer die Natur liebt und Gleichgesinnte sucht, wird sie im Internet schnell auf www.naturgucker.de finden. In diesem sozialen Netzwerk kann jeder auch Beobachtungen von Arten melden.

geführt, an der wilder Spargel wächst – und Insekten anlockt.

Plötzlich summt eine seltene Schönheit heran: vielleicht eine Spargelbiene, sagt Husemann und steckt sie in ein Alkoholröhrchen.

Wie sich später bei genauer Betrachtung herausstellt, ist es doch eine Furchenbiene. Die genaue Identität der Art soll eine Genanalyse zeigen. Wahrscheinlich keine Sensation also, aber für Husemann trotzdem ein erfreulicher Fund: Auch diese Wildbienen fühlen sich auf Neßsand noch wohl.

Die Insel bietet ungewöhnlich vielen Insektenarten einen Rückzugsort, resümiert Husemann unseren Rundgang. Vor allem solchen, die in sandigen Böden ihre Eier legen. Auch Insektenfallen, die Forscher im Laufe des GEO-Tags auf Neßsand und an anderen Orten in Hamburg aufgestellt haben, erweisen zusätzlich: dem geschützten Biotop geht es gut.

Ein wichtiges Ergebnis, das die Wissenschaftler detailliert auch der Hamburger Behörde für Umwelt und Energie melden. Ein Baustein mehr im Naturschutz der Elbmetropole. Einige Stunden durfte ich also das Reich der Insekten besuchen – und habe auch ein klein wenig zu deren Schutz beigetragen.

Nun blicke ich auf ein wunderschönes Nelkenfeld. Hier würde ich jetzt gern bleiben, entspannen. Aber das Boot wartet, um uns zurück ans Festland zu bringen.

Was kitzelt da schon wieder am Arm? Eine Steinhummel, ein Rüsselkäfer? Nach dieser kleinen Expedition werde ich mir Insekten weitaus genauer anschauen als zuvor. Neugierig untersuche ich meinen Arm. Zu spät.

Das Insekt war schneller.

IMPRESSUM

Gruner + Jahr GmbH, Am Baumwall 11, 20459 Hamburg
Postanschrift der Redaktion: Brieffach 24, 20444 Hamburg
Tel.: 040/37 03-0, Fax: 040/37 03 56 47
Internet: www.geo.de/wohllebens-welt

CHEFREDAKTEUR
Michael Schaper
CHEFREPORTER
Peter Wohlleben
STELLVERTRETENDER CHEFREDAKTEUR
Rainer Harf
ART DIRECTION
Tanja Senghaas
TEXTREDAKTION
Tilman Botzenhardt, Maria Kirady, Claus Peter Simon, Bertram Weiß, Sebastian Witte
BILDREDAKTION
Carla Rosorius (Leitung);
Imke Keyssler, Carolin Küst, Jochen Raiß
LAYOUT
Dennis Gusko, Katja Wegener
REDAKTIONELLE MITARBEIT
Regina Franke, Dr. Götz Froeschke, Susanne Gilges, Stefan Sedlmair, Bettina Süssemilch
CHEF VOM DIENST/SCHLUSSREDAKTION
Ralf Schulte
TECHNISCHER CHEF VOM DIENST
Rainer Droste
REDAKTIONSASSISTENZ
Ümmük Arslan
HONORARE/SPESEN
Angelika Györffy
GESCHÄFTSFÜHRENDE REDAKTEURIN
Maike Köhler
VERANTWORTLICH
FÜR DEN REDAKTIONELLEN INHALT
Michael Schaper
PUBLISHER
Frank Thomsen
EXECUTIVE DIRECTOR DIRECT SALES
Heiko Hager/G + J Media Sales
VERANTWORTLICH FÜR DEN ANZEIGENTEIL
Daniela Porrmann, Director Brand Solutions,
G + J e|MS, Am Baumwall 11, 20459 Hamburg
Es gilt die jeweils aktuelle Preisliste.
Infos hierzu: www.gujmedia.de
SALES DIRECTOR
Franziska Bauske, DPV Deutscher Pressevertrieb
MARKETING
Pascale Victoir
HERSTELLUNG
G + J Herstellung, Heiko Belitz (Ltg.), Oliver Fehling
Litho: Peter Becker GmbH, Würzburg
Druck: Mohn Media Mohndruck GmbH, Gütersloh

Bankverbindung: Deutsche Bank AG Hamburg,
IBAN: DE30200700000032280000, BIC: DEUTDEHH
Heft-Preis: 6,00 Euro
ISBN 978-3-652-00927-0; ISSN 2628-4448

USA: WOHLLEBENS WELT is published by Gruner + Jahr GmbH. K.O.P.: German Language Pub., 153 S Dean St, Englewood NJ 07631. Periodicals Postage is paid at Paramus NJ 07652. Postmaster: Send address changes to WOHLLEBENS WELT, GLP, PO Box 9868, Englewood NJ 07631.
KANADA: Sunrise News, 47 Silver Shadow Path, Toronto, ON, M9C 4Y2, Tel.: +1 647-219-5205, E-Mail: sunriseorders@post.com.

GEO-LESERSERVICE

FRAGEN AN DIE REDAKTION
Tel.: 040/37 03 20 84, Fax: 040/37 03 56 48,
E-Mail: briefe@wohllebens-welt.de
ABONNEMENT- UND
EINZELHEFTBESTELLUNG
Online-Kundenservice: www.geo.de/kundenservice
Tel.: 0049/40/55 55 89 90
Service-Zeiten: Mo–Fr 7.30–20 Uhr, Sa 9–14 Uhr
Postanschrift: GEO-Kundenservice, 20080 Hamburg
Preis Jahresabonnement: 24,00 € (D)/
27,20 € (A)/38,00 sfr (CH)
Preise für weitere Länder auf Anfrage erhältlich.

BILDNACHWEIS

Anordnung im Layout: l. = links, r. = rechts, o. = oben, m. = Mitte, u. = unten

TITEL
Ramon Haindl
ZWEI MIT DURCHBLICK
Alberto Ghizzi Panizza/Biosphoto: 2/3
EDITORIAL
Roman Pawlowski: 5 o.; Pavlo Vakhrushev/Adobe Stock: 5 u.; Roksana Bashyrova/Adobe Stock: 5 (Hintergrund)
INHALT
Benne Ochs: 6 o. l.; Carsten Linde: 6 m. r.; Julius Schrank: 6 u. l.; David Köster: 6 u. m.; Getty Images: 6 u. r.; Andreas Hub/laif: 6/7 o.; Heiko Gerlicher: 6/7 (Hintergrund); Rainer Harf: 7 u. l.; Illustrationen: Anastasia Mattern: 7 m. l., 7 u. r.
MIT PFERDESTÄRKE IN DEN WALD
Ramon Haindl: 8–16; Roman Pawlowski: 17
VOM ZAUBER DER SCHWIMMENDEN SCHÖNHEITEN
Alex Huizinga/Minden Pic./plainpicture: 18/19; Remi Masson/NaturePL: 20/21, 24; Willi Rolfes: 23 o.; Sven Hagolani/plainpicture: 23 m. l.; Willem Kolvoort/NPL: 23 u.; Ramon Haindl: 25 o. r.; Illustrationen: Interfoto: 22 o., 22 m.; Florilegius/Fotofinder: 22 u., 25 o. l., 25 m.; dieKleinert: 25 u.
WIESO BLÜHT DIE HERBSTZEITLOSE ERST IM HERBST?
Illustration: Anastasia Mattern: 27
LEBEN IM RHYTHMUS DER HERDE
Anne Gabriel-Jürgens/13Photo: 28–35, außer: Getty Images: 34 u. l.; Illustrationen: dieKleinert: 30 u., 33 u.
IM RAUSCH DER FARBEN
Westend61/Getty Images: 38; Peter Lewis/Loop Images/laif: 39; Emma Grann/plainpicture: 40/41; Heiko Gerlicher: 42/43; Handke+Neu/plainpicture: 44; Kevin McNeal/CCOPhotostock/laif: 45 o. l.; plainpicture: 45 o. r., 47 o. r.; Getty Images: 45 m., 46 m. l., 47 o. l., 47 zentral o., 47 m. r.; Andrea Künzig/laif: 45 u. r.; Ramon Haindl: 47 m. l.; Kilian Schönberger: 47 zentral u., 47 u. r.; Willi Rolfes: 47 u. l. (2); Illustration: Shutterstock: 46 o. l.
RÜCKKEHR DER RIESEN
Kaveh Rostamkhani/ddp: 48/49; blickwinkel/imago: 50/51, 50 u.; Winfried Schäfer/Biosphoto: 50 o.; Frank Sommariva/Okapia: 50 m.; Frank Liebke/Okapia: 52/53; Illustration: Mary Evans/Natural History Museum/Interfoto: 53 o.; Ramon Haindl: 53 m.
WESHALB HAT DER BORKENKÄFER AUCH GUTE SEITEN?
Illustration: Anastasia Mattern: 55
EXPEDITION VOR DER HAUSTÜR
Julius Schrank: 56, 58, 59 o., 59 u., 60 o., 60 m. (3), 62 o., 62 u., 63 u. (3), 64; Johannes Arlt/laif: 57, 59 m. l., 59 m. r., 60 u., 61, 62 m.; Hans Blossey/Euroluftbild.de/Okapia: 57 zentral; Illustration (Karte): Peter Pichler: 63 o.
»DAS IST KEIN WALD, ...«
Victor Brigola/plainpicture: 68; Evelyn Dragan: 69 o.; action press: 69 u., 70 u.; blickwinkel/imago: 71; Illustrationen: dieKleinert: 70 o. l. (4); Getty Images: 70 o. r.
AB IN DEN SÜDEN!
Danny Green/NaturePL: 72/73; Willi Rolfes: 74/75; Dietmar Nill: 74 u. l. (2), 77 o. l.; Paul Hahn/laif: 77; Neil Bowman/Interfoto: 77 o. r.; Luis Quinta/NaturePL: 78 o.; Guy Edwardes/NaturePL: 80 o.; Illustrationen: Cyprian Lothringer: 76 (2), 79 (3), 81 (3); Infografik: Fernando G. Baptista/National Geographic Creative: 78 u.; Karte: Ralf Bitter/National Geographic: 80 u.
WARUM BEISST DIE GOTTESANBETERIN IHREM MANN DEN KOPF AB?
Illustration: Anastasia Mattern: 83
AUF IN DIE PILZE! WELCHE GEHEIMNISSE DIE SCHÄTZE DES WALDES BERGEN
Rainer Harf: 84, 87 (4), 88 (5), 91 u. (4); Adobe Stock: 84/85, 88, 90/91, 92/93 (Hintergründe); Ramon Haindl: 85, 86/87, 91 o., 93 r.; Filipa Peixeiro/13Photo: 89; Illustrationen: 92 von o. l. nach u. r.: Enno Kleinert/dpa/pa; Bridgeman Images; Interfoto; dieKleinert; Getty Images; Bridgeman Images; dpa/pa (Kartoffelbovist); dieKleinert; Bridgeman Images; Enno Kleinert/dpa/pa; Getty Images
REISE ZU EINER WILDNIS IM WANDEL
Max Galli/laif: 94/95, 102 u. l.; Miriam Wohlleben: 94 u. l., 96 u. l., 103 u.; CreativeMarc/Adobe Stock: 96/97 (Hintergrund); Robert Seitz/Getty Images: 96 o.; David Köster: 96/97 o.; Stephan Wieland/laif: 96/97 u., 103 m.; Buiten-Beeld/Michel Geven/Biosphoto: 97 m. l.; Getty Images: 97 u. r., 98/99 o., 99 u. (3), 101 u. r.; Josh Haner/NYT/Redux/laif: 98 (3); Lena Mucha/NYT/Redux/laif: 100 o. l.; Thomas Linkel/laif: 100 o. r.; Robert Harding/Patrick Dieudonne/Interfoto: 100 m.; Berthold Steinhilber/laif: 100 u.; Peter Gebhard/laif: 101 o.; Pierre Vernay/Biosphoto: 101 u. l.; Alain Roux/Biosphoto: 102 o. l.; Andreas Valencia/Aurora/laif: 102 m., 103 o.; Christian Kerber/laif: 102 u. m.; Peter Wohlleben: 102 u. r.; Illustration (Karte): Peter Pichler: 99 o.
BLOSS NICHT ERKANNT WERDEN!
Art Wolfe/Artwolfe.com: 104–110, außer: Christian Hütter/Okapia: 109 o.
WARUM HAT DER FRAUENSCHUH FENSTER IN SEINER BLÜTE?
Illustration: Anastasia Mattern: 113
DREI MONATE BARFUSS
Andreas Hub/laif: 114–121, außer: Sven Herdt: 117 m., Shutterstock: 116/117, 118 (Hintergründe)
1 m^3 TOTHOLZ
Illustrationen: Tim Wehrmann: 122–125
IN DEN BÄUMEN BIN ICH ZU HAUSE!
Neil McIntyre: 126/127; Niall Benvie/NaturePL: 128/129; Ingo Arndt/NaturePL: 129 o.; Erlend Haarberg/NaturePL: 129 m.; Pierre Vernay/Biosphoto: 130/131; Gérard Lacz/Biosphoto: 130 o. r.; NaturePL: 130 m.; Ramon Haindl: 130 u.; Illustration: Gerd Ohnesorge, aus: Christoph Needon u. a., Naturführer Pflanzen und Tiere. Urania-Verlag 1989, © 2019 Verlag Herder GmbH, Freiburg i. Br.: 129 u.
PETER WOHLLEBEN TRIFFT ...
Marina Weigl: 132–135
VORSCHAU
Yevhenii Chulovskyi/Shutterstock: 136/137 (Hintergrund), 136 o.; Florian Jaenicke/laif: 136 m. l.; Konrad Wothe: 136 u. l.; blickwinkel/imago: 136 u. r.; Danny Green/NaturePL: 137 o. l.; Rafael Heygster: 137 o. r.; Frank Waßerführer/Adobe Stock: 137 u. l.; Getty Images: 137 u. r.; Illustration: akg-images: 137 m.
KOPF HOCH!
Jean-Louis Klein & Marie-Luce Hubert: 138/139
GRAFIKEN unter Lizenz von Shutterstock: 16, 25, 35, 46, 53, 65, 70, 81, 93, 103, 121, 130

»Das ist kein Wald, ...«

Für viele sieht ein solcher Kiefernforst aus wie ein typischer Wald. Doch mit einem echten, natürlichen Wald hat eine solche Plantage nach Ansicht von Peter Wohlleben wenig gemein

Text: Peter Wohlleben

Die Lage ist ernst, aber nicht hoffnungslos – jeder von uns kann etwas tun!

In deutschen Forsten stehen
1207
Millionen Kubikmeter Fichtenholz – das ist viel zu viel!

Ursprünglich wuchsen in Mittel- und Westeuropa fast nur Buchen, durchsetzt mit einigen Dutzend weiteren Baumarten. Diese Wälder waren sehr stabil. Brach ein Riese zusammen, wuchs an seiner Stelle ein Jungbaum nach.

Auf großer Fläche änderte sich dieses Ökosystem über Jahrhunderte nicht. Kleinere Klimaschwankungen überlebten Europas Urwälder leicht, weil ihre Bäume ein eigenes Lokalklima formten und dabei Extreme abpufferten: Gegen große Kälte schirmten sie sich ebenso ab wie gegen starke Hitze.

Dies ermöglichte rund 10 000 Tierarten, ihre Nischen zu besetzen. Manche Käfer verlernten sogar das Fliegen, da es in solch einem Waldozean nicht wichtig war, den Standort zu wechseln – die Bedingungen waren ja überall gleich.

Doch dann kam der Mensch. Schon Kelten und Römer holzten ab; im Mittelalter gab es dann einen riesigen Holzbedarf für Schiff- und Häuserbau sowie zur Energiegewinnung, und das war fast schon das Ende der deutschen Urwälder.

Zum Teil blieben nur noch Heidelandschaften übrig: der Tiefpunkt vorindustrieller Landschaftszerstörung. Die Reste, etwa die Lüneburger Heide, stellen wir heute kurioserweise unter Naturschutz.

Ab Mitte des 19. Jahrhunderts wurden große Flächen wieder aufgeforstet – allerdings vor allem mit Fichten und Kiefern. Sie kommen auf ausgelaugten Böden besonders gut zurecht und können sich als noch junge Bäumchen gegen den Fraß von Schafen, aber auch Rehen und Rotwild besonders gut wehren, weil ihre Nadeln stechen und sie schlecht schmecken. Zudem sind sie in der Anzucht billiger als Buchen und Eichen.

Trockenheit und Borkenkäfer setzen vor allem Plantagen aus Fichten zu – Buchenurwälder sind viel resistenter

Das Resultat: Heute bestehen mehr als die Hälfte aller deutschen Wälder aus Nadelbäumen: aus Arten also, die aus der kühlen nördlichen Taiga stammen und die Waldbrände und Borkenkäferplagen nicht so gut aushalten wie unsere natürlichen Laubwälder. Kein Wunder, dass sie nun als Erste dem Klimawandel zum Opfer fallen.

Streng genommen legen die Hitzeperioden die Fehler der Vergangenheit nur offen. Und weil ein Umsteuern zu mehr Laubbäumen Jahrzehnte braucht, müssen wir uns noch auf weitere Katastrophenmeldungen aus Deutschlands Wäldern einstellen.

Gepflanzt, ausgedünnt, geerntet

Immerhin ernten die Forstverwaltungen heute nicht mehr Holz als nachwächst. Doch reicht dies aus, um nachhaltig zu wirtschaften?

Geht es nicht vielmehr darum, das Ökosystem mit all seinen Arten voll funktionsfähig an die nächsten Generationen weiterzugeben? Und sind unsere Fichten-, Kiefern- und Laubwälder nicht Plantagen – so wie die Ölpalmenanpflanzungen in Asien?

Sie wurden in Reih und Glied gepflanzt, werden regelmäßig ausgedünnt und schließlich bei Erreichen eines definierten Stammdurchmessers geerntet.

Kann man solche Plantagen, in denen kein Baum sein natürli- ➻

DIE IN DEUTSCHLAND HÄUFIGSTEN BAUMARTEN

Fichte	Kiefer	Buche	Eiche	restliche Arten
25%	**22%**	**15%**	**10%**	**28%**

Ließe man die Gehölze völlig auf sich gestellt, würde mit **75%** *die Buche das Waldbild hierzulande dominieren*

ches Höchstalter erreicht, die dominiert werden von ortsfremden Baumarten und zerschnitten werden durch unzählige Wege, noch als Wald bezeichnen?

Ehrlicherweise muss die Antwort lauten: Nein! Selbst in den meisten Nationalparks wird nach wie vor Holz geerntet, schwerstes Gerät eingesetzt, kommt es zu Kahlschlägen.

Echter Wald hat keine Probleme

Dass unsere Wälder in Wirklichkeit nichts als Plantagen sind, wurde mir klar, als mich vor einigen Jahren eine iranische Forstdelegation in meinem Revier besuchte. Im Nordiran gibt es die letzten großen Buchenurwälder der Erde – die dortigen Förster wissen also, wie echter Wald aussieht.

Auf den deutschen Wald angesprochen, lautete die lakonische Frage des iranischen Forstchefs nur: „Wald? Welcher Wald?"

Echter Wald hat zum derzeitigen Stand des Klimawandels noch keine Probleme. Ein Bestand voller alter Laubbäume kühlt sich nach aktuellen Forschungsergebnissen im Sommer um rund zehn Grad Celsius stärker ab als die umliegenden Wiesen oder Felder.

Gewiss, auch in solchen Oasen stirbt hier und da einmal ein Baum im Verlauf einer Dürreperiode. Doch in den Buchenreservaten in meinem Revier sind keine Anzeichen einer Schwächung des Waldes zu erkennen.

Ganz im Gegenteil: Während die Fichtenplantagen im Umkreis eine nach der anderen vom Borkenkäfer heimgesucht werden, sind die alten Buchen gesund und voll sattgrünem Laub.

Anstatt aufzuforsten, sollte man die Natur sich selbst überlassen – der Wald kommt von ganz allein zurück

Doch Lobbyisten aus der Forst- und Holzwirtschaft wollen genau hier die Axt ansetzen; schließlich gibt es in diesen Wäldern noch viele wertvolle Stämme. Damit würden aber die letzten Reste unserer natürlichen Klimaanlage zerstört.

Und nun? Die Lage ist nicht hoffnungslos – und wir alle können für eine Verbesserung sorgen. Denn es gibt zunehmend öffentlichen Druck auf die Forstverwaltungen, mit unseren Wäldern anders umzugehen.

Der Stadtwald von Lübeck ist dafür ein schönes Beispiel. Dort wird schon seit Jahrzehnten ein Modell erprobt, bei dem bewirtschaftete Bereiche mit unberührten Reservaten kombiniert werden.

Und selbst in den genutzten Teilen versucht das Stadtforstamt, möglichst nachhaltig zu wirtschaften. Das bedeutet den Verzicht auf Kahlschläge, die Förderung heimischer Laubbaumarten, die Geduld, Bäume sehr alt werden zu lassen, schonendere Methoden der Holzernte, den Verzicht auf Insektizide – und vieles mehr.

Überdies wird deutlich weniger Holz genutzt, sodass die lebende Biomasse stark zunimmt.

So kann der Wald wieder sein eigenes, stabiles Kleinklima produzieren, wachsen die Bäume höher und gesünder als in konventionell bewirtschafteten Forsten.

Die Stadt Lübeck ist nicht der einzige Waldbesitzer, der solche Methoden anwendet – die Zahl der so wirtschaftenden Forstbesitzer nimmt immer weiter zu. Holz ist ein schöner Rohstoff, den man solchen Forsten ohne schlechtes Gewissen entnehmen kann.

Vor allem kann man diese Baumansammlungen endlich wieder „Wald" nennen.

»...aber das!«

Naturbelassene Urwälder zeichnen sich durch eine hohe Artenvielfalt aus und dadurch, dass totes Holz verrotten darf

Das Schnattern aus Tausenden Schnäbeln erfüllt die Luft, wenn sich Schneegänse auf ihrer weiten Reise ins südliche Winterquartier versammeln

Ab in den Süden!

Im Herbst ergreift viele Vögel eine große Unruhe. Sie brechen auf zu einer langen Reise – und vollbringen spektakuläre Leistungen

Text: Marlene Göring

Ob in Kette, als Keil oder lockerer Schwarm: Zugvögel reisen oft im *Formationsflug*

Kiebitz
Im Frühjahr findet er immer wieder an seinen eigenen Geburtsort zurück

Singdrossel
Sie lockt es im Winter nicht allzu weit fort – ans Mittelmeer

Wintergäste

Austernfischer
Wenn es andere nach Südeuropa zieht, kommt dieser Vogel aus Skandinavien zu uns – und wartet im Wattenmeer das Frühjahr ab

Die Vögel flüchten weniger vor der Kälte als vor einer *drohenden Hungersnot*

Der Herbst ist eine Zeit des Abschieds. Schafgarbe und Mohn verblühen, Blätter trudeln von den Bäumen – und Drossel, Storch sowie all die anderen gefiederten Sommergäste machen sich zum Abflug bereit. Während die Natur zur Ruhe kommt, herrscht im Reich der Vögel gerade jetzt geschäftiges Treiben: Ihr großer Zug beginnt.

Überall lassen sich nun mächtige Trupps beobachten: Graureiher üben Formationen und zeichnen in der Gruppe ein „V" in den Himmel. Schwalben sammeln sich für den gemeinsamen Flug. Wolken von Staren senken sich auf kahle Felder und Baumkronen. Große Brachvögel staksen aufgeregt übers Marschland und stochern mit ihren krummen Schnäbeln nach Würmern und Schnecken: die letzte Mahlzeit vor der Abreise.

Aus der Mitte dieser Horden klingt ein Trillern und Jubilieren, das zuweilen zu betäubendem Lärm anschwillt. Und dann erheben sich die Tiere plötzlich in die Luft – und brechen auf in den wärmeren Süden.

Amurfalke

Klein, und doch ein Vogel der Extreme: Er fliegt höher und weiter als viele andere – von Ostsibirien bis nach Südafrika

Trauerseeschwalbe

Anders als viele Zugvögel bevorzugt sie unter sich nicht das Land, sondern das Meer. Doch fliegt sie meist nahe an der Küste entlang

Die Vögel flüchten aber weniger vor der Kälte als vor dem Hunger: Fern ihrer Sommerheimat finden sie auch im Winter genug Insekten und Pflanzen. Gut die Hälfte aller in Deutschland nistenden Flieger zieht es deshalb im Herbst fort (die anderen Vögel – etwa Blaumeisen, Spatzen, Elstern – bleiben in unseren Breiten, müssen aber ihre Ernährung umstellen: von Würmern und Schnecken auf Samen und Körner).

Unruhe im Schwarm

Wann die richtige Zeit für den Abflug gekommen ist, verrät den Zugvögeln ein innerer Kalender. Er folgt der Sonne im Jahresverlauf. Wenn die nicht mehr lange genug scheint, erfasst die Vögel ein Ur-Instinkt, die „Zugunruhe": Sie werden geselliger, hüpfen plötzlich in Schwärmen herum, manchmal sogar verschiedene Vogelarten gemeinsam – sie treten die Reise in gemischten Teams an. Die Hormone versetzen sie derart in Aufregung, dass manche Arten nachts keinen Schlaf mehr finden.

Dieser Ausnahmezustand befällt alle Zugvögel, auch wenn sie nicht im Schwarm losfliegen. Denn manche machen sich ganz allein auf die Reise, so wie die Nachtigall. Der schnelle Schlag ihrer spit- »→

Einmal mit den Vögeln reisen? Mit neuesten Techniken machen Naturfilmer es möglich, etwa in den Dokumentationen »Nomaden der Lüfte« oder »Die fantastische Reise der Vögel«.

Die kostenlose App »Animal Tracker« bietet die Möglichkeit, die Flugrouten von Störchen fast in Echtzeit zu verfolgen: Wissenschaftler haben die Vögel mit Miniatursendern ausgestattet.

Ein Kranich vertilgt täglich

300

Gramm Körner, um Kraft für die Reise zu haben

Nachtigall
Ganz allein fliegt sie über die Alpen bis nach Afrika

Wendehals
Im Sommer bei uns zu Hause, im Winter südlich der Sahara

Im Herbst sind Kraniche oft bei der Rast auf Feldern zu beobachten – ehe sie weiterziehen

Meister der Navigation

Um sich auf ihren Langstreckenflügen zu orientieren, nutzen Vögel vielfältige Hilfsmittel – die Sonne und Sterne, Landmarken und sogar das Erdmagnetfeld. Doch der Mensch stiftet bei manchen Verwirrung

Um die richtige Richtung zu finden, beobachten viele Vögel den Stand der Sonne und der Sterne. Auch die Saison ermessen sie daran: Wenn das **Sonnenlicht** abnimmt, ist es Zeit zum Aufbruch. Die meisten Zugvögel reisen in der Nacht. Manche haben auch Sensoren in den Augen, die das **Magnetfeld** wahrnehmen können. Es ist vor allem an den Polen für sie spürbar. Wer nah am Äquator fliegt, muss auf andere Orientierungshilfen vertrauen.

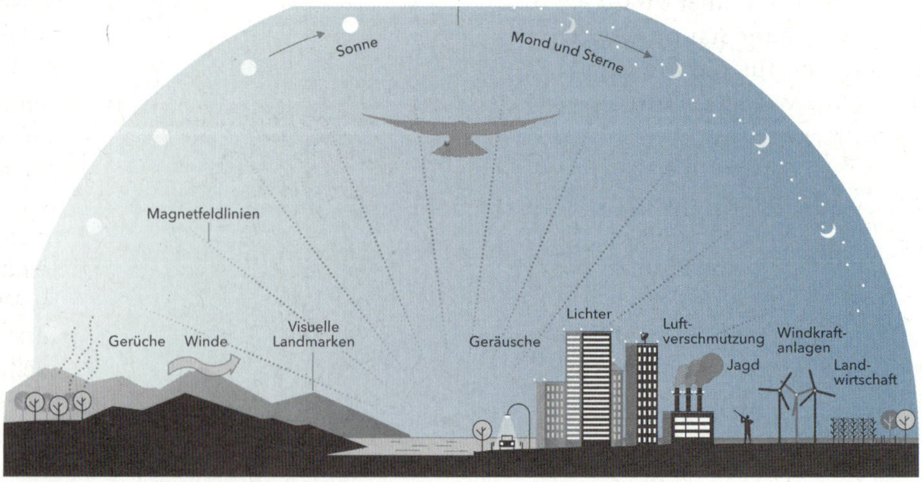

NÜTZLICHE LANDMARKEN UND GEFÄHRLICHE EINFLÜSSE
Vögel, die während des Tages ziehen, nutzen zur Orientierung Berge, Flüsse oder Gerüche. Oft halten sie sich an vertraute Routen und kehren jedes Jahr zu den gleichen Plätzen zurück. Der technische Fortschritt beeinträchtigt den Vogelzug aber auf vielfältige Weise; so kann das Licht der Städte etwa Nachtflieger verwirren

Wie an einer Autobahn liegen feste *Rastplätze* an den Flugrouten der Vögel

zen Flügel trägt sie über die Alpen, das Mittelmeer und die Sahara.

Andere Arten dagegen schrauben sich nach oben in die Luft und gleiten dann lange Strecken. So wie die Wespenbussarde: Ihre langen, eher stumpfen Flügel fangen warme Aufwinde perfekt ein. Die wehen über dem Meer aber nicht stark genug, also meiden sie den Seeweg. Stattdessen wählen die Greifvögel eine Route weiter östlich über den Bosporus, Israel und den Sinai – oder sie verlassen Europa über die Straße von Gibraltar.

Viele Zugvogelarten schaffen die Distanz nicht in einer Tour. Wie an einer Autobahn liegen daher feste Rastplätze auf den Flugrouten: Kraniche aus Skandinavien machen zum Beispiel jedes Jahr am Diepholzer Moor in Niedersachsen und an den Linumer Fischteichen in Brandenburg Station. Dort stärken sie sich für die Weiterreise – wie sie es von ihren Artgenossen gelernt haben.

Andere Arten überwinden gigantische Strecken, ganze Ozeane und Kontinente ohne Pause. Weltrekordhalter ist eine Pfuhlschnepfe; sie schaffte es 2007 von Alaska nach Neuseeland in acht Tagen: 11 506 Kilometer, ohne ein einziges Mal den Erdboden zu berühren.

Zugvögel sind an dieses Nomadendasein perfekt angepasst: Sie schlüpfen früher als die heimatverbundenen Arten und entwickeln schneller ihr Erwachsenengefieder. Außerdem ist ihr Brustmuskel deutlich größer und lässt sie besonders kräftig mit den Flügeln schlagen.

Wespenbussard

Auf seinen langen Flügeln lässt er sich von Aufwinden in die Höhe tragen – und spart so wertvolle Energie für die Reise

Steinschmätzer

Ein Langstreckenflieger: Manche Exemplare brechen von Alaska quer über den asiatischen Kontinent bis nach Afrika auf

Spießente

Die langen Steuerfedern am Schwanz erleichtern ihr den Flug – und machen sie zu einem Schnellflieger

Auch setzen sie besser Fett an, das sie auf der großen Reise als Vorrat brauchen. Der winzige, gelb-grüne Fitis wiegt zum Beispiel nur acht Gramm – frisst sich über den Sommer aber noch einmal ebenso viel auf den Bauch.

Orientierung am Erdmagnetfeld

Die Routen sind den Vögeln zum Teil in die Gene geschrieben: Der Kuckuck etwa fliegt ganz allein den angestammten Weg seiner Vorfahren ins südliche Afrika – obwohl er ja nicht von Artgenossen, sondern von Drosselrohrsängern, Mönchsgrasmücken oder Zaunkönigen aufgezogen wird.

Viele Vögel ziehen in der Nacht, wenn es kühler ist als am Tag. Meist steigen sie in eine Höhe von weniger als 1000 Metern auf, einzelne Arten wie Schwäne wurden aber auch schon in mehr als 8000 Höhenmetern beobachtet.

Wie genau sich Zugvögel auf ihrer Reise orientieren, ist bis heute nicht vollständig erforscht. Aber sie nutzen sicherlich gleich mehrere Hilfsmittel.

So beobachten sie zum einen die Sonne und die Sterne. Zu- ➻

Wo sind die Vögel gerade? Antworten liefert das »EuroBirdPortal« im Internet. 81 Organisationen aus 29 Ländern tragen dort tagesaktuell Beobachtungen von 105 Vogelarten zusammen.

Kraniche bei der Rast: Wer dieses spektakuläre Naturereignis einmal selbst erleben will, findet ausführliche Hinweise und Beobachtungstipps beim NABU-Kranichzentrum (www.kraniche.de).

FLUGROUTEN

Globaler Flugverkehr

Wann, wie lange und auf welcher Route die Zugvögel unterwegs sind, variiert stark. Und nicht immer gleichen sich Hin- und Rückreise. Die hier dargestellten Wege beruhen auf wissenschaftlichen Beobachtungen einzelner Vögel. Daten über die Flugpläne trägt etwa das Max-Planck-Institut für Ornithologie frei zugänglich im Internet zusammen unter www.movebank.org

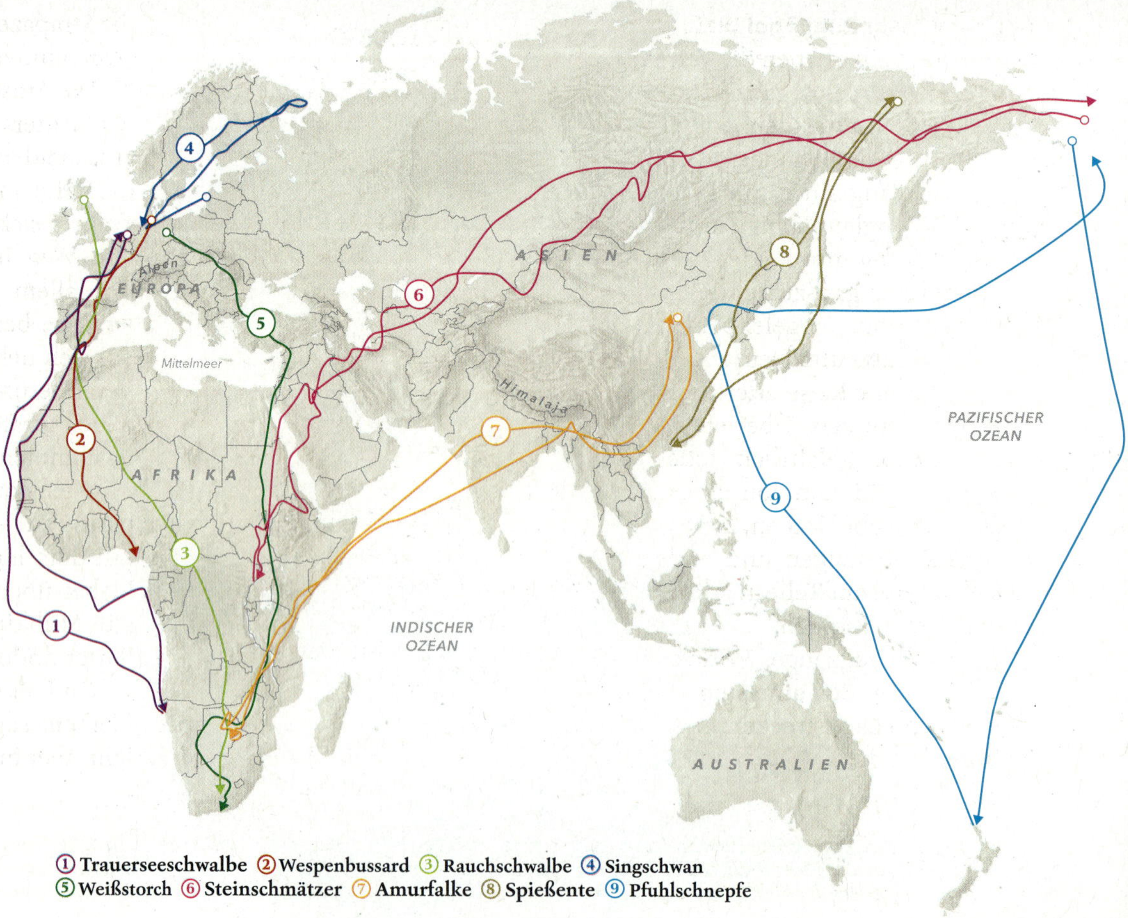

Die älteren, *erfahrenen Vögel* weisen den jüngeren den Weg in die Winterheimat

dem spüren sie das Erdmagnetfeld und sehen das Muster, in dem sich das Sonnenlicht in der Atmosphäre bricht. All das hilft ihnen, ihre Position zu bestimmen und die richtige Richtung zu finden.

Ist der Himmel bedeckt, orientieren sie sich zudem an Landmarken wie Flüssen, Gebirgen und Städten. Dabei lernen sie aus Erfahrung: Wer den Zug schon mal mit älteren Weltenbummlern gemacht hat, den verschlägt es seltener auf Umwege als einen Erstflieger.

Immer mehr Zugvögel bleiben

Und weshalb bleiben die Wanderer dann nicht gleich ganz in der südlichen Winterresidenz? „Weil im Norden in der Sommerzeit die Tage herrlich lang sind und es in kurzer Zeit unglaublich viele Insekten als Nahrung gibt – ideal, um den Nachwuchs großzuziehen", so Marius Adrion, Vogelexperte beim Naturschutzbund Deutschland.

Die lange Reise erleichtert Zugvögeln also das Überleben; aber sie ist auch gefährlich. Jedes Jahr werden Millionen von ihnen beim Durchzug über Italien, Zypern oder Ägypten gefangen und enden als Delikatesse auf Tellern oder als Dekoration in Käfigen.

Auch Flugzeuge, Windkraftanlagen oder Strommasten werden manchem Langstreckenflieger zum Verhängnis.

Rauchschwalbe

Wenn sie sich versammeln und bereit machen für den Aufbruch gen Süden, beginnt für viele Menschen der Herbst

Singschwan

Die Tiere fliegen in Familiengruppen, die aus Hundert oder mehr Verwandten bestehen können

Pfuhlschnepfe

In acht Tagen flog ein Exemplar von Alaska nach Neuseeland: 11 506 Kilometer, ohne Pause. Weltrekord!

Und wer es bis zum Ziel schafft, stößt bei der Ankunft immer häufiger auf zerstörte Lebensräume: Aus Steppen und Savannen sind in den südlichen Ländern inzwischen oft Äcker geworden; oder das Wetter ist mittlerweile so trocken und heiß, dass die Vögel kein Auskommen mehr finden.

Stärkere Landnutzung durch den Menschen und der Klimawandel haben den Vogelzug schon jetzt durcheinandergebracht. Experten vermuten, dass deshalb in Zukunft immer weniger heimische Vögel die Strapazen eines weiten Zugs auf sich nehmen werden.

Die Amsel zum Beispiel flog früher winters ans Mittelmeer. Heute entscheiden die Tiere spontan, ob die Kälte im Norden zu groß wird – und sie sich noch spät im Jahr auf den Weg in den Süden machen. Vor allem Zugvögel, die normalerweise besonders lange Strecken auf sich nehmen, leiden unter den Veränderungen und suchen nach neuen Strategien, über den Winter zu kommen.

Weißstörche etwa mühen sich zum Teil jetzt schon nicht mehr mit dem langen Flug nach Afrika: Lieber überwintern sie in Spanien auf Müllkippen, wo sie reichlich Futter finden.

Und einige ihrer Artgenossen bleiben sogar das ganze Jahr über in Deutschland.

Ein Leseerlebnis voller Überraschungen: Das liebevoll gestaltete Buch »Die Wege der Tiere« zeigt anhand von 50 wissenschaftlich fundierten Karten, wie sich Vögel und andere Geschöpfe bewegen.

»Boten des Wandels« nennt der Tierfilmer Holger Schulz die Weißstörche und hat ihnen ein faktenreiches Buch mit diesem Titel gewidmet. Mehr als 30 Jahre hat er die Zugvögel beobachtet.

Warum beißt die *Gottesanbeterin* ihrem Mann den Kopf ab?

Text: Claus Peter Simon   Illustration: Anastasia Mattern

Sie ist unberechenbar und tötet zuweilen gerade dann, wenn es am schönsten ist: beim Sex. Doch der Mord des Liebhabers geschieht nicht ohne Grund: Der abgebissene Kopf hilft der werdenden Mutter

Sie kam einst aus Afrika und hat sich bis nach Norddeutschland vorgearbeitet. Steigende Temperaturen haben ihre Ausbreitung ermöglicht. Und doch ist die Gottesanbeterin eher selten; sie steht auf einer Liste der gefährdeten Arten.

Doppelt gefährdet sind dabei die Männchen. Und das kommt so: In der Regel verzehrt eine weibliche Gottesanbeterin Käfer, Heuschrecken, Spinnen oder Bienen. Die dornenbewehrten Fangbeine, die das Insekt in Ruheposition aussehen lassen, als würde es beten, stoßen dann in Millisekunden auf die Beute vor.

Doch sind die bis zu acht Zentimeter langen Weibchen sehr hungrig, locken manche von ihnen die deutlich kleineren Männchen, indem sie sehr viel Duftstoffe produzieren. Allerdings geht es ihnen nicht um Sex mit den Männchen – sondern darum, sie zu verspeisen.

Aber auch der Sex selbst ist für die Männchen höchst riskant. Denn das Weibchen gehört zu den wenigen Insekten, die ihren Schädel um 180 Grad drehen können – und das nutzen, um dem Begatter mitunter den Kopf abzubeißen. Für das Weibchen hat das gleich drei Vorzüge: Die Kopulation kann auch kopflos zu Ende geführt werden; das Haupt des Männchens ist eine eiweißreiche Nahrungsquelle; und das Weibchen hat einen Nahrungskonkurrenten weniger.

Fast also könnte man das Verhalten der Männchen als selbstlos bezeichnen. Aber womöglich ist es einfach nur nicht so pfiffig wie das mancher Männchen bei anderen Fangschrecken-Arten: Von denen ist bekannt, dass sie zuvor einen Balztanz aufführen, um vom Weibchen nicht als Beute betrachtet zu werden.

Das Gottesanbeter-Männchen springt dagegen lieber unvermittelt auf den Rücken des Weibchens, kann es dann aber oft nicht richtig festhalten.

Und so kommt es vor, dass sein Kopf zu nah an die tödlichen Kiefer des Weibchens gerät. ●

Auf in die Pilze! Welche Geheimnisse die Schätze des Waldes bergen

Pilze zählen zu den Delikatessen der Natur, doch sie spielen auch eine überaus wichtige Rolle im Ökosystem. So könnten ohne sie keine Bäume wachsen. Wer sich mit den sonderbaren Wesen beschäftigt, taucht ein in eine faszinierende Welt voller Überraschungen

Text: Rainer Harf
Fotos: Rainer Harf und Ramon Haindl

Pfifferlinge (links) wachsen etwa unter Eichen oder Kiefern und sind recht leicht zu erkennen. Wer auf eigene Faust Pilze sammeln möchte, sollte vorher einen Lehrgang mitgemacht haben

Auf Lehrgängen zeigen Sachverständige wie Dietmar Krüger von der Pilzschule Hessen, wie sich schmackhafte Speisepilz sicher bestimmen lassen

Die Gebilde mit Stiel und Hut, die *im Herbst* überall aus dem Boden sprießen, sind nur ein kleiner Teil des gesamten Pilzes

Mehr als

10 000

Pilzarten wachsen in mittel-europäischen Wäldern

Violetter Lacktrichterling
Der farbenprächtige Pilz besticht durch seinen angenehmen, sehr milden Geschmack

Beringter Schleimrübling
Nach gründlichem Waschen ist er durchaus essbar, gilt aber als eher mittelmäßiger Speisepilz

Fichten-Steinpilz
Sein intensives Aroma macht ihn zu einem der begehrtesten Speisepilze. Schon kleine Mengen verleihen Gerichten eine herzhafte Note

Stockschwämmchen
Der beliebte Soßen- und Suppenpilz wächst in Büscheln auf morschen Laubbäumen

Nur wenige Sporen fallen auf geeigneten Boden – dann keimen sie und wachsen zu einem *neuen Pilz* heran

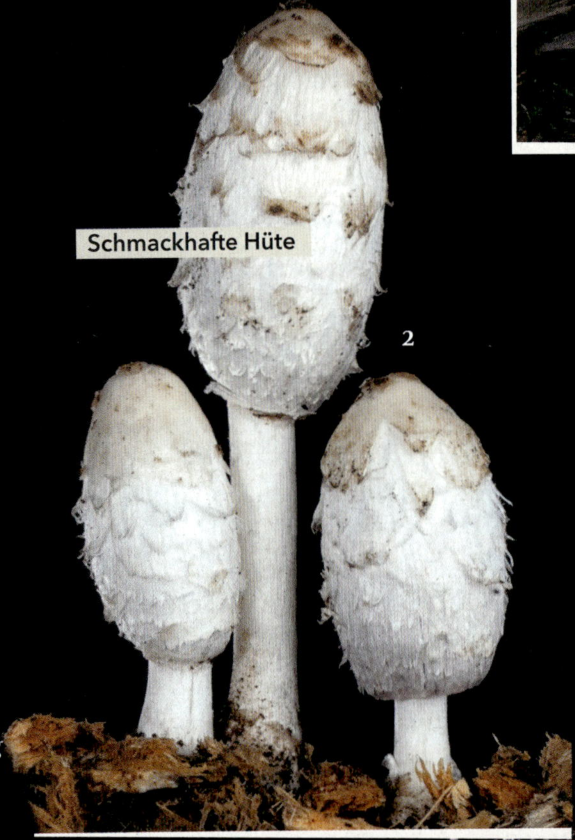

1. Krause Glucke
Der an einen Badeschwamm erinnernde Fruchtkörper wird zuweilen bis zu zehn Kilogramm schwer und gilt als hervorragender Speisepilz

2. Schopftintling
Auf Wiesen und an Wegrändern wächst dieser köstliche Pilz, der rasch verarbeitet werden sollte

3. Trompetenpfifferling
Der schmackhafte Vetter des Pfifferlings lässt sich in feuchten Nadelwäldern finden

4. Gold-Röhrling
Vor dem Zubereiten sollte man die Huthaut des unter Lärchen gedeihenden Pilzes abziehen

5. Stinkmorchel
Von der Gallerte befreit, schmeckt das Ei, aus dem sich der phallusartige Fruchtkörper entwickelt, rettichartig

Etwa

95

Prozent aller Landpflanzen bilden eine Symbiose mit Pilzen

In guten Pilzjahren kann man auf einem einzigen Spaziergang mehrere Kilo feinster Speisepilze finden

Näher als mit Pflanzen sind Pilze *mit Tieren verwandt.* Und damit auch mit uns Menschen

Schon vor

460

Millionen Jahren besiedelten die Urahnen der Pilze das Land

Keine andere Jahreszeit eignet sich besser als der Herbst, um im Wald auf Schatzsuche zu gehen. Alles, was man dafür braucht, ist ein Weidenkörbchen, ein Messer – und ein wenig Wissen über Pilze. Dann kann jeder Spaziergang zu einem kulinarischen Abenteuer werden, denn man weiß nie genau, was die Natur gerade auftischt.

Vielleicht steht unter Fichten eine Gruppe von Steinpilzen oder Pfifferlingen. Auf einer Lichtung wachsen womöglich Wiesen-Champignons. Oder ein delikater Parasolpilz steht da mit seinem bis zu 30 Zentimeter großen Hut.

Und was für ein Sammlerglück, wenn man am Fuß einer alten Kiefer eine Krause Glucke entdeckt – mit ihrem nussigen Aroma einer der besten Speisepilze überhaupt.

Neben all den schmackhaften Vertretern sprießen tausendfach die Fruchtkörper anderer Pilze aus dem Erdreich oder aus morschem Holz. Tiefrote Täublinge etwa, grüngelbe Schwefelköpfe, weiße Korallenpilze, kugelige Boviste.

Auch diese Arten entfalten eine ungewöhnliche Faszination, wenn man sich etwas näher mit Pilzen beschäftigt. Denn sie bevölkern eine ganz eigene, heimliche Welt.

So nehmen wir beispielsweise den Großteil der Pilze, über die wir im Wald laufen, gar nicht wahr. Ein Pfifferling oder Fliegenpilz etwa besteht nicht allein aus seinem Stiel mit Hut: Vielmehr dehnt sich der eigentliche Körper unterirdisch aus, durchwuchert den Waldboden als Geflecht mikroskopisch dünner Fasern, die modriges Laub oder Holz zersetzen. Andere Arten befallen als Parasiten lebende Pflanzen.

Arbeiter im Untergrund

Jene auffälligen Köpfe, die meist im Herbst aus dem Boden sprießen, bilden also nur einen kleinen Teil des gesamten Pilzes. Es sind gewissermaßen dessen Früchte.

Im Untergrund arbeiten die Pilze das ganze Jahr über, verdauen abgestorbene Pflanzenteile und gehören zu den wichtigsten Resteverwertern der Wildnis. Das Netz der Fäden kann sich über viele Quadratmeter erstrecken, und zwar oft in enger Symbiose mit Bäumen.

Denn es wickelt sich um deren Wurzeln, vergrößert so deren Oberfläche und sorgt dafür, dass die Pflanze mehr Wasser und Nährsalze aufnehmen kann. Im Gegenzug erhält der Pilz Kohlenhydrate, die der Baum in seinen Blättern mithilfe des Sonnenlichts hergestellt hat.

Diese Zusammenarbeit ist so erfolgreich, dass 95 Prozent aller Landpflanzen in Deutschland ihre Wurzeln von Pilzen umspinnen lassen.

Jede Pflanzenspezies verbindet sich dabei nur mit ausgewählten Arten: Fliegenpilze findet man häufig in der Nähe von Birken, Pfifferlinge etwa stehen meist unter Kiefern und Steinpilze oft unter Fichten oder Birken. Und die erlesenen Perigord-Trüffel gehen eine Partnerschaft mit Eichen ein.

Bis 1969 glaubten Biologen, die Pilze seien Sonderformen innerhalb des Pflanzenreichs. Doch dann entschieden sie, ihnen ein eigenes Reich einzuräumen, gleichberechtigt neben Flora und Fauna.

Wie recht sie hatten, zeigen moderne genetische Analysen: Pilze sind näher mit uns Menschen verwandt als mit irgendeiner Pflanze.

Evolutionsbiologen haben mittlerweile rekonstruiert, dass Pilz und Mensch vor mehr als einer Milliarde Jahren einen gemeinsamen Vorfahren hatten. Dessen Nachkommen gingen dann getrennte Wege, die einen als Tiere, die anderen als Pilze.

Um sich zu vermehren, vergrößern viele Pilze ihre Oberfläche. Etliche bilden Hüte, unter denen sich Lamellen aufspannen; daran reifen dann jeweils Abertausende von Sporen. Andere, korallenartige Formen entwickeln verzweigte Ärmchen, die mit Sporen übersät sind.

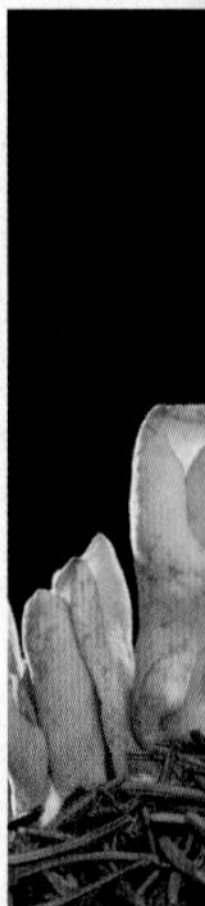

Literaturtipp: Der große BLV Pilzführer für unterwegs von Ewald Gerhard stellt mehr als 1200 heimische Pilzarten mit ihren jeweiligen Besonderheiten, Speisewerten und Verwechslungsgefahren vor.

Die Webseite der Deutschen Gesellschaft für Mykologie (www.dgfm-ev.de) bietet zahlreiche Informationen rund ums Pilzesammeln sowie eine Liste zertifizierter Pilzsachverständiger in Deutschland.

Bis zu

1000

Meter mikroskopisch feiner Fäden kann ein Pilz am Tag bilden

1. Maronen-Röhrling
Ähnelt dem Steinpilz, schmeckt aber dezenter. Die Röhren verfärben sich bei Druck bläulich

2. Eselsohr
Lebt in enger Partnerschaft mit Eichen und Haselsträuchern, sein Geschmack erinnert an Mandeln

3. Birken-Rotkappe
Der im Umkreis von Birken wachsende Pilz ist roh giftig, gekocht aber eine Delikatesse

4. Safran-Schirmling
Paniert und gebraten kann der in Nadelwäldern wachsende Pilz zu einem sättigenden vegetarischen Schnitzel werden

Vorsicht, giftig!

Wer Pilze sammeln möchte, sollte sich auskennen, denn zahlreiche Arten sind ungenießbar oder enthalten starke Gifte

Grüner Knollenblätterpilz
tödlich giftig, Verwechslung-gefahr mit Champignons

Fliegenpilz
stark giftig, Verwechlsungsgefahr mit Kaiserling

Grünblättriger Schwefelkopf
giftig, Verwechslungsgefahr mit Graublättrigem Schwefelkopf

Pantherpilz
stark giftig, Verwechslungsgefahr mit Perlpilz

Frühjahrs-Lorchel
tödlich giftig, Verwechslungsgefahr mit Morcheln

Satansröhrling
giftig, Verwechslungsgefahr mit anderen Röhrlingen

Gifthäubling
tödlich giftig, Verwechslungsgefahr mit Stockschwämmchen

Kartoffelbovist
giftig, Verwechslungsgefahr mit Stäublingen

Kirschroter Speitäubling
giftig, Verwechslungsgefahr mit essbaren Täublingen

Weißer Knollenblätterpilz
tödlich giftig, Verwechslungsgefahr mit Champignons

Grüner Anis-Trichterling
roh giftig, Verwechslungsgefahr mit anderen Trichterlingen

Sie mögen appetitlich erscheinen und zum Beispiel an Champignons erinnern, doch etliche Pilze enthalten starke Giftstoffe. Manche Spezies – etwa Knollenblätterpilze – sind gar derart toxisch, dass ihr Verzehr tödlich enden kann. Wer Pilze sammeln möchte, sollte daher zuvor unbedingt eine Pilzschule besuchen. Dort lehren zertifizierte Experten, wie genau man Speise- von Giftpilzen unterscheiden kann. So ist sichergestellt, dass die tückischen Doppelgänger nicht in der Pfanne landen.

Bis zu

160

Kilometer hoch fliegen manche Pilzsporen

Die Stinkmorchel hat eine *verblüffende Strategie:* Sie lockt Fliegen an, die ihre Sporen verbreiten

Und auch die Stinkmorchel hat eine geschickte Vermehrungsstrategie: Der phallusförmige Pilz umhüllt seine Spitze mit einer klebrigen, nach Fäulnis und Kot riechenden Sporenmasse. Fliegen finden den Duft unwiderstehlich, saugen den Schleim auf und verbreiten beim Weiterflug die Pilznachkommen.

Aber nur wenige Sporen werden keimen und zu einem neuen Pilz heranwachsen – und zwar jene, die auf einen ganz bestimmten Nährboden fallen. Jede Art hat ihre Vorliebe, nicht selten erkennt man es schon am Namen: Der Eichen-Wirrling verdaut totes Eichenholz, der Tannen-Feuerschwamm nagt am Nadelholz. Und nur „auf ganz oder halb vergrabenen Fichtenzapfen", so steht es in den Bestimmungsbüchern, wächst der Fichten-Zapfenrübling.

Einer der größten Feinschmecker von allen ist wohl *Psathyrella berolinensis*, der Wildschweinkot-Zärtling: Nur wenn dessen Sporen auf die Losung von Schwarzwild fallen, keimen sie und treiben ihre beigefarbenen Hütchen aus.

Ein vielfältiges Reich

Diese biologische Spezialisierung ist einer der Gründe dafür, dass es ungemein viele Arten von Pilzen gibt. Allein in mitteleuropäischen Wäldern gedeihen mehr als 10 000 Spezies! Nicht verwunderlich, dass sich etliche Arten sehr ähnlich sehen. Und so haben viele Speisepilze giftige Doppelgänger.

Das Stockschwämmchen zum Beispiel, ein kleiner Pilz mit braunem Hut und fantastischem Aroma, ähnelt stark dem Gifthäubling, dessen Verzehr tödlich enden kann. Beide Arten lassen sich anhand bestimmter Kriterien wie Geruch und Beschaffenheit des Fruchtkörpers auseinanderhalten. Wie bei anderen Spezies auch ist es jedoch unabdingbar zu wissen, was genau es zu prüfen gilt.

Daher sollte jeder, der sich nicht gut auskennt, eine Pilzschule besuchen, in der zertifizierte Experten nötiges Wissen vermitteln. Eine andere Möglichkeit sind Volkshochschulen oder Naturschutzverbände, die Pilzwanderungen anbieten.

Erfahrung erwirbt man durch regelmäßiges Sammeln. Am besten lässt sich Expertise auf mehreren Wochenendkursen aneignen – oft lernt man dort auch pfiffige Rezepte kennen.

Nach und nach erschließt man sich so jene faszinierende Welt der Fungi. Eine Welt, die mit zauberhaften Farben und Formen aufwartet. Die eine Bandbreite verführerischer Aromen bereithält.

Und die besonders im Herbst einlädt: zu einer spannenden Schatzsuche in der Natur.

Der größte Pilz der Welt ist ein Hallimasch im Malheur National Forest in Oregon, USA. Er wuchert unterirdisch auf neun Quadratkilometern und kommt auf eine geschätzte Masse von 600 Tonnen! Um so groß zu werden, hat er rund 2400 Jahre gebraucht.

Mythos: Die Sorge, man könne Pilzgerichte nicht wieder aufwärmen, ist unbegründet. Wie jede andere Speise verderben Pilze mit der Zeit, doch erneute Hitze macht sie nicht weniger bekömmlich.

Im Pilzmuseum Reinhardtsgrimma etwa 20 Kilometer südlich von Dresden lassen sich 3500 naturgetreue Modelle von 700 Pilzarten bestaunen, je nach Jahreszeit werden auch Frischpilze ausgestellt.

Kundschafter

Als die Wikinger Island besiedelten, war noch ein Viertel der Landfläche von Bäumen bedeckt

Reise zu einer Wildnis im Wandel

Islands Natur ist spektakulär, keine Frage. Doch vielerorts, wo heute karge Berge aufragen, wuchsen einst Wälder. Nun wollen die Isländer dem Eiland sein ursprüngliches Gesicht zurückgeben. Kann das gelingen?

Text: Peter Wohlleben

Vulkangestein, Wasser und Moose prägen die wilde und einsame Landschaft wie hier im Süden der Insel

Die wüste Landschaft der Vulkaninsel bezaubert – doch ihre Böden erodieren

Das Islandpferd ist ein nationales Symbol: Keine andere Pferderasse darf auf die Insel importiert werden

Ein Förster bereist Island – ist das nicht ein Widerspruch in sich? Schließlich ist die Insel nicht gerade für Bäume bekannt. Aktuell bestehen nur knapp zwei Prozent der Fläche aus Wald.

Das war vor der Entdeckung durch Garðarr Svavarsson, einen Wikinger, ganz anders. Im Jahr 870 erblickte er eine Insel, die zu 20 bis 30 Prozent mit Birken- und Weidenwäldern bedeckt war.

Bedenkt man, dass allein mehr als zehn Prozent der Fläche von Gletschern eingenommen werden und Vulkanausbrüche immer wieder ganze Landstriche verschütteten, ist das schon eine beachtliche Größenordnung.

Allerdings machten sich die Nordmänner sogleich daran, die Bäume zu fällen, zu verarbeiten und zu verheizen. Anschließend ließen sie ihre großen Schafherden über das Land ziehen: Die fraßen die empfindlichen Sträucher, Kräuter und Flechten so gründlich ab, dass oft nur blanker Boden zurückblieb.

Menschgemachte Natur

Bis heute ist die darauf folgende Erosion eines der größten Umweltprobleme Islands. Die fruchtbare Erde wird fortgeschwemmt, und Stürme voll sandigem Vulkanstaub schmirgeln selbst den Lack von den Autos. Die beeindruckenden kargen Landschaften, die jährlich Hunderttausende Touristen anziehen, sind also vielfach das Resultat jahrhundertelanger Übernutzung.

Zum Glück wird gegengesteuert. Islands Wald soll wachsen. Das Tempo der letzten 100 Jahre war allerdings zu langsam, ⇻

Nur noch

2

Prozent der Insel sind von Wald bedeckt

Blaue Lagune

Polster aus Moos und Flechten wachsen vielerorts auf dem Vulkangestein

Sehnsuchtsort: Island wird als Reiseziel immer beliebter: 2018 besuchten 2,3 Millionen Menschen die Insel. Der Tourismus erwirtschaftet fast zehn Prozent des Nationaleinkommens.

Grüne Energie: Schon heute gewinnt Island seinen Strom ausschließlich aus erneuerbaren Quellen wie Erdwärme und Wasserkraft. Bis 2040 will der Staat vollständig klimaneutral werden.

Ein Wasserfall wie aus dem Bilderbuch: 66 Meter tief stürzen die Fluten des Seljalandsfoss im Süden der Insel in ein natürliches Becken

Wetterfest

Schafzucht ernährt die Bevölkerung – aber die Weidehaltung schadet der Vegetation

Wo keine Bäume wachsen, wird Erde zum Baumaterial: Historische Grassodenhäuser im Museumshof Laufás

Innerhalb von 50 Jahren soll sich Islands Waldfläche durch Aufforstung verdoppeln

denn trotz des Pflanzens von Millionen Setzlingen hat die Waldfläche in diesem Zeitraum gerade mal um 0,5 Prozent zugelegt.

Damit man als Besucher eine Vorstellung erhält, wie es früher einmal ausgesehen hat, empfiehlt sich ein Besuch des Vaglaskógur, eines der ältesten Wälder im Norden der Insel. Er wurde schon vor mehr als 100 Jahren unter Schutz gestellt. Birken und Fichten bestimmen das Bild, wie in den Gebirgswäldern von Norwegen und Schweden. Die Bäume zeigen, wo in dem rauen Klima die Grenze des Höhenwachstums liegt: Mehr als zehn Meter werden nur in Ausnahmefällen erreicht.

Weiter im Osten liegt der Hallormsstaðaskógur. Auch in diesem Wald dominiert die heimische Birke, aber dabei soll es bei den wieder aufzuforstenden Flächen nicht bleiben. Und leider wiederholen die Waldexperten der Insel so die Fehler ihrer Kollegen vom europäischen Festland.

Sie experimentieren dort derzeit mit Dutzenden von für Island fremden Baumarten, um herauszufinden, mit welchen Sorten sich die beste Holzproduktion erreichen lässt. Dabei sollte es meiner Meinung nach viel eher um die Wiederherstellung der einstigen Ökosysteme gehen, denn die heimischen Bäume sind Nahrungsquelle für viele angepasste Kleinstlebewesen. Moose und Flechten sind ein weiterer wichtiger Bestandteil der Inselvegetation. Sie sind allerdings sehr empfindlich und brauchen teils über 100 Jahre, um sich vom Betreten durch Besucher zu erholen. Das Isländische Moos, eine Flechte, wurde in der Vergangenheit sogar zur Ernährung genutzt, indem es mit im Brot verbacken wurde. Bis heute findet das Moos Verwendung, zum Beispiel als Mittel gegen Erkältungen.

Eisbedeckte Feuerberge

Bei einer Wanderung in die Berge östlich von

Forstexperten prüfen das Wachstum und die Gesundheit der gepflanzten Kiefern

Neu geschaffener Wald im Osten der Insel bei Hallormsstaður

Reykjavík erlebe ich hautnah den Vulkanismus der Insel. An mehreren Stellen zischt Wasserdampf aus Erdlöchern, und die Bäche sind angenehm warm. Es riecht nach Schwefel, und aus der Ferne grüßen gletscherbedeckte Feuerberge.

Der Guide erzählt mir, dass die Einheimischen die warmen Bäche mit Steinen aufstauen und als natürliche Badewanne nutzen. Zudem ist das Zubereiten von Eiern ganz einfach. Man braucht nur ein Netz, um die zu kochenden Lebensmittel in heißes Wasser zu tauchen. Das klingt nach perfekten Vorausetzungen für einen Wanderurlaub.

Da in Island wie in anderen nordischen Staaten das Jedermannsrecht gilt, ist das Zelten in freier Natur unproblematisch – genauer: war es unproblematisch. Denn aufgrund der anschwellenden Touristenströme werden die Sehenswürdigkeiten mittlerweile geradezu überrannt. Daher gibt es zunehmend Einschränkungen durch

Mehr Wälder: Die Aufforstungen sind ein Teil von Islands Klimastrategie. 2019 sollen vier Millionen Bäume gepflanzt werden, die Staatsausgaben für Waldanbau werden bis 2023 vervielfacht.

Wanderlust: Durch Islands größten Wald bei Hallormsstaður führen 40 Kilometer markierte Wege. Dort können Besucher Beeren und Pilze sammeln, Vögel beobachten und Wasserfälle bestaunen.

Überall auf der Insel lassen sich Brocken des schroffen Vulkangesteins finden

Gut 100 000 Quadratkilometer groß ist die Vulkaninsel im Nordatlantik

Die 135 Jahre alte Grassodenkirche Hofskirkja wurde als letztes Gotteshaus auf Island in diesem Stil gebaut

Steil ragt der moosbedeckte Vulkan Mælifell aus einer Gletscherebene auf

Voll unter Dampf: die heiße Säule eines Geysirs

Lupinen (ganz links) sollen die Böden der Insel vor Erosion schützen, verdrängen aber auch einheimische Keimlinge

Islandpferde leben im Sommer oft frei in der Wildnis; nur im Winter halten die Züchter sie auf eingezäunten Weiden

Zahlreiche Quell- und Gletscherflüsse strömen vom Hochland herab zu den Küsten. Die Fälle der Dynjandisá sind an der Fjordküste im Nordwesten der Insel zu finden

Wo warme Quellen sprudeln, stauen Isländer die Bäche mit Steinen auf – und baden in den so entstandenen dampfenden Becken

Unberührte Wildnis und Energie direkt aus dem Erdinneren: Island hat das Zeug zur ökologischen Musternation

Mehr als

230

Vogelarten leben auf Island

Farbtupfer

Im Frühjahr ziehen Millionen Papageitaucher nach Island, um in den Felsen der Küsten zu brüten

Jäger im Gras: Der Polarfuchs ist das größte Landraubtier der Insel

An der Luft getrockneter Fisch ist eine Spezialität der isländischen Küche

Die Menschen hier leben vom Meer – und seiner faszinierenden Tierwelt

Holzhäuser im Fischerdorf Seyðisfjörður

An den Landenden der Insel öffnen sich weite Ausblicke

Felsbesetzer

Aus dem Meer ragende Klippen dienen großen Kolonien von Seevögeln als Rastplatz

Islands Küsten erstrecken sich über
4970
Kilometer

In den Gewässern vor der Insel lassen sich

23

Arten von Walen beobachten

Ein ausgemustertes Fangschiff liegt am Rand des Hafens von Seyðisfjörður

Abgetaucht

private Landbesitzer, die keine Campinggäste auf ihrem Grund wünschen.

Viele Naturschätze gibt es an den Küsten und im Meer zu bestaunen, allen voran die Wale. Es ist mir ein persönliches Anliegen, mit einem Whalewatching-Boot hinaus zu den großen Säugetieren zu fahren – und zwar aus zwei Gründen. Zum einen liebe ich die Riesen, finde es immer wieder faszinierend, die größten Tiere, die jemals auf diesem Planeten gelebt haben, zu beobachten.

Zum anderen erhöht es vielleicht ein wenig den Druck auf die Walfangnation Island, endlich die Jagd einzustellen.

Denn an dem gleichen Pier, an dem die Touristen einsteigen, liegen auch Teile der Walfangflotte. Und so wundert es mich nicht, dass ich auf der mehrstündigen Tour kein einziges Exemplar zu Gesicht bekomme.

Vielleicht entscheiden die Isländer eines Tages, dass sie lieber auf die Touristen als auf die Fleischproduktion setzen, die ohnehin kein wichtiger Wirtschaftsfaktor ist.

Nur Restaurants scheinen nicht auf dieses Lebensmittel verzichten zu wollen: Auf vielen Speisekarten taucht Walfleisch auf. Etliche ausländische Gäste probieren davon – es ist ja nur eine winzige Portion, oft siegt die Neugier. Doch gerade diese Absatzmöglichkeit trägt dazu bei, dass es überhaupt einen Markt für Walfleisch gibt.

Uralte Wassertiere

Tief im Meer gibt es weitere Bewohner, die unseren Augen ebenfalls verborgen bleiben, wie zum Beispiel die Islandmuscheln. Bis zu 500 Jahre leben schon die ältesten Exemplare, die Forscher bisher entdeckten.

Ähnlich alt wird mit 400 Jahren der Grönlandhai, der sein Leben auf Sparflamme verbringt und für Besucher höchstens als Delikatesse sichtbar wird. Isländer verarbeiten ihn zu Hákarl, fermentiertem Fleisch, das gummi- oder käseartig wird und, nun ja, sehr gewöhnungsbedürftig riecht und schmeckt. Ich habe es nicht ausprobiert, denn ob Grönlandhaie überhaupt befischt werden sollten, ist umstritten. Die Tiere werden erst mit 150 Jahren geschlechtsreif und haben eine geringe Reproduktionsrate.

Wer als Tourist eine Whalewatching-Tour bucht, erhöht den Druck auf die Behörden der Insel, die Jagd auf Wale endlich einzustellen

Island hat das Zeug zur ökologischen Musternation. Die Hitze im Untergrund ermöglicht eine klimaneutrale Energiegewinnung, die geringe Einwohnerdichte belastet die Natur nur wenig, und selbst der ursprüngliche Wald wird hoffentlich zurückkehren.

Wenn dann noch das letzte verbliebene Walfangunternehmen seine Schiffe ausmusterte, wäre die Idylle perfekt.

Walfang: Die isländische Regierung erlaubt derzeit pro Jahr die Jagd auf 217 Mink- und 161 Finnwale. Islands Fischindustrie verzichtet 2019 aus wirtschaftlichen Gründen komplett auf den Walfang.

Whalewatching: Fast überall auf der Insel werden in Hafenstädten Walbeobachtungstouren angeboten. Die Ausflüge sind ein Wirtschaftsfaktor – jeder fünfte Tourist bucht eine entsprechende Fahrt.

Kaum zu erkennen
Mit 70 Zentimetern Körpergröße ist der Bartkauz eine imposante Eule – und doch macht ihn sein borkenartig gebändertes Gefieder vor dem Baumstamm nahezu unsichtbar

Bloß nicht erkannt werden!

Sie verschmelzen geisterhaft mit der Umgebung, tarnen sich als Blatt, Zweig oder Stein. Viele Tiere betreiben einen enormen Aufwand, um möglichst gut vom Blickfeld zu verschwinden. Weshalb eigentlich?

Text: Regina Franke Fotos: Art Wolfe

Selbst geübten Beobachtern fällt es schwer, die wie **Pflanzen** aussehenden **Insekten** zu erspähen

Blatt mit Beinen?
Verwelkt, die Flügel am Rand wie angenagt und mit vorgetäuschten Fraßspuren übersät: Diese Laubheuschrecke imitiert trickreich ein verdorrtes Blatt

Moosgrünes Insekt
Die bizarr anmutende Gespenstschrecke führt als Rindenbewohnerin ein verborgenes Dasein. In Ruhe erstarren die Tiere – und sind dann kaum noch als Lebewesen zu erkennen

Die Maskerade im Tierreich ist kein fröhliches Versteckspiel, sondern überlebenswichtige Strategie

Insekten tun es, Fische, Amphibien und Reptilien, Vögel und auch Säugetiere – sie tarnen, sie tricksen und sie täuschen. Denn für sie alle gilt im täglichen Kampf ums Dasein: fressen oder gefressen werden. Wer seine Feinde oder auch die Beute hinters Licht zu führen vermag, erringt einen überlebenswichtigen Vorteil.

In der schwierigen Disziplin, nicht gesehen oder erkannt zu werden, bringen es manche Arten zu erstaunlicher Meisterschaft. Einige Spezies machen sich sogar nahezu unsichtbar: Sie verschmelzen mit der Umgebung, passen sich in Farbe, Muster und mitunter sogar Struktur ihrem Lebensraum an.

In nur **10** *Minuten verändern Flundern ihr Farbmuster*

Der seltene Ziegenmelker etwa, eine Nachtschwalbe, ist ein Vogel der Dämmerung. Erst wenn die Sonne untergeht, tragen ihn seine Schwingen am Waldrand entlang auf Insektenjagd.

Tagsüber jedoch schmiegt er sich still an Äste, Baumstümpfe oder den Boden – und ohne sein Tarnkleid, ein düsterbraunes, borkenartig marmoriertes Gefieder, wäre er dort Feinden ausgeliefert.

Zusätzlich kneift er seine Augen zu schmalen Schlitzen zusammen, damit ihr tiefschwarzer Glanz ihn im Tageslicht nicht verrät. So wird er übersehen – und überlebt.

Während die Nachtschwalbe ihre natürliche Tarntracht nicht zu variieren vermag, können Schollen je nach Beschaffenheit des Meeresuntergrunds ihr Farbmuster flexibel einer sandigen, schlammigen oder felsigen Umgebung angleichen: Die Plattfische besitzen spezielle pigmenthaltige Zellen in der Haut, die sich binnen Minuten verschieben und das Tier partienweise heller oder dunkler erscheinen lassen.

In einem Experiment imitierten die Anpassungskünstler sogar ein Schachbrettmuster!

Manches Tier sieht aus wie ein Stein

Trickreich mutet auch die Maskerade einiger zu den Krabben zählenden kleinen Seespinnen an: Um von Raubfischen unbehelligt zu bleiben, spießen die Dekorateurkrabben winzige Algenstückchen, Seeanemonen oder Schwämme auf die Stacheln ihrer Panzer, sodass ihnen eine Art lebendes Tarnkostüm wächst.

Vom perfekten Verbergen profitieren aber keineswegs nur die Gejagten – auch Räuber verbessern durch Camouflage ihre Jagdchancen. In der Herbstwald-Kulisse gelingt es dem pirschenden Rotfuchs besonders gut, durch das rostrote Haarkleid seine Konturen aufzulösen. Wie durch Zauberhand verschwindet seine Silhouette im farbenprächtigen Falllaub der Bäume. Wehe der ahnungslosen Waldmaus oder dem geschäftig am Boden pickenden Vogel, der das lautlos heranschnürende Raubtier nicht rechtzeitig erblickt.

Andere Tierarten, die sich durchaus erfolgreich tarnen, bleiben aber trotzdem deutlich zu sehen: Denn sie entziehen sich nicht dem Blick ihrer Verfolger, sondern gaukeln ihnen stattdessen vor, ein unbelebtes und somit uninteressantes Objekt zu sein.

Das kann etwa ein Blatt sein, eine Flechte, ein Stein oder ein kleiner Ast. Häufig findet man diese Nachahmungstracht bei wirbellosen Tieren. Manche »→

Manche Schmetterlinge täuschen Feinde: Sie breiten rasch ihre Flügel aus, auf denen furchterregende Augenflecken erscheinen.

Geierschildkröten lauern im Uferschlamm, wo sie mit einem wie ein Wurm aussehenden Zungenfortsatz Beutefische »angeln«.

Tiere imitieren auch akustische und chemische Signale, um sich vor Feinden zu schützen – nicht nur sichtbare Merkmale.

Unsichtbarer Nachtfalter
Zart cremefarbene Flügel mit einem Gitter aus dunklen Wellenlinien lassen den Blütenspanner mit der rissigen hellen Baumrinde nahezu verschmelzen

Perfekt versteckt
Die bräunlich-fleckige Haut mit den unregelmäßigen dunklen Warzen verbirgt die Polarkröte zwischen Flechten und Moos – vor den Augen ihrer Feinde, aber auch ihrer Beutetiere

Die vielfältigen **Tarntricks** gehören zu den verblüffendsten Errungenschaften der **Evolution**

Roter Jäger
Der Fuchs tarnt sich im bunten Herbstlaub mit seinem rostfarbenen Pelz

Schmetterlingsarten etwa imitieren täuschend echt Blattwerk; einige welkbraun gefärbte Pfauenspinner weisen sogar unregelmäßige Flügelflecke auf, die wie Fraßspuren pflanzenfressender Insekten aussehen.

Meister dieser Kunst sind auch die bizarren Gespenstschrecken, eine Insektengruppe, zu der die spindeldürren Stabschrecken gehören. In Ruhestellung verharrend, sind sie im Gesträuch kaum auszumachen – bis sich der vermeintliche Zweig bei Störungen plötzlich regt und eine aufgescheuchte Stabschrecke auf ihren langen Schreitbeinen davonstakst.

Berühmtheit erlangt haben die nahen Verwandten der Stabschrecken: die Wandelnden Blätter. Ein stark abgeflachter grüner oder gelbbrauner Körper, oft sogar mit angedeuteten Blattadern, sowie verbreiterte Beinsegmente erwecken den Eindruck echter Pflanzenteile – zumal die Tiere bei Wind sacht erzittern, geradeso wie ein Laubblatt bei einer leichten Böe.

Vor einigen Jahren sorgte der Fund eines versteinerten Wandelnden Blatts in Ablagerungen der Fossillagerstätte Grube Messel bei Darmstadt für Aufsehen. Das fast unversehrt erhaltene Insekt ähnelt den heutigen Formen auf verblüffende Weise – ist aber 47 Millionen Jahre alt! Diese Entdeckung beweist: Bereits im damaligen Erdzeitalter haben diese Gespenstschrecken ihre Tarnstrategie entwickelt und sie über die Jahrmillionen unverändert beibehalten.

Hochstapelei als Lebensversicherung

Auf ganz andere Weise erfolgreich zeigen sich Arten, die giftige oder wehrhafte Tiere nachahmen, um ihren Feinden durch grelle Warnfarben zu signalisieren „Achtung, ungenießbar!" oder „Vorsicht, ich steche!" Diese Warnungen vor angeblicher Gefahr nutzen die eigentlich harmlosen Hochstapler als Lebensversicherung: Sie kopieren in einer „Scheinwarntracht" – auch Mimikry genannt – ihre gefährlichen Vorbilder.

So imitieren Schwebfliegen mit ihren gelb-schwarzen Streifen Wespen und bleiben so von gefräßigen Vögeln unbehelligt. Der Gebänderte Schlangenaal ähnelt einer hochgiftigen Seeschlange und kann, ungestört von Raubfischen, an Riffen nach kleinen Krebsen jagen. Und Ameisengrillen, die kleinsten einheimischen Heuschrecken, sind so winzig wie räuberische Ameisen, ebenso gefärbt und verströmen sogar deren Nestgeruch. Diese Imitationskünstler leben mitten unter ihren Feinden: in Ameisenkolonien! Und stehlen dort die schmackhaften Eier und Larven.

Ob Tiere nun vorgeben, schlicht nicht da zu sein, ob sie geschickt ein unbelebtes Objekt imitieren – oder sogar damit prahlen, gefährlicher zu sein als sie tatsächlich sind: Es zeigt sich, dass die Evolution vielen Kreaturen verblüffend trickreiche Strategien beschert hat – um so das Überleben ihrer Art zu sichern. ●

Vor **47** *Millionen Jahren ahmten Insekten bereits Blätter nach*

Selbst große Tiere wie Löwen und Antilopen verschwimmen optisch vor dem Hintergrund der afrikanischen Savanne.

Viele vermeintlich umherschwirrende Wespen entpuppen sich bei näherer Betrachtung als ungefährliche Schwebfliegen.

Kraken gehören zu den besten Verwandlungskünstlern. Sie imitieren Korallen, Plattfische oder auch Seeschlangen.

Links: Gemeinsam mit dem FriedWald-Förster können Sie einen Baum für Ihre letzte Ruhestätte entdecken
Unten: Bei der Naturbestattung kommen nur biologisch abbaubare Urnen zum Einsatz

Ein Förster begleitet Sie durch den Wald und beantwortet Ihre Fragen

Der Natur verbunden bleiben

Die letzte Ruhestätte im Wald unter Bäumen finden – für viele ein Wunsch. Bei einer Führung durch einen FriedWald erfahren Sie alles über die Beisetzung in der Natur

» Scheue Tiere, goldene Blätter: Der Herbst im Wald ist **magisch.** «

IM WALD kann man wunderbar zur Ruhe kommen. Besonders im Herbst, wenn sich die Blätter golden färben, das Laub beim Gehen raschelt und einem die kühle Luft den Kopf freipustet. Die beruhigende Wirkung des Waldes, die man bei ausgedehnten Spaziergängen empfindet, ist in einem FriedWald gerade für Hinterbliebene besonders tröstlich. Seit 2001 bietet das Unternehmen als erster Anbieter in Deutschland Bestattungen unter Bäumen in biologisch abbaubaren Urnen an. Damit schafft FriedWald eine Alternative zu konventionellen Friedhöfen – tröstlich, schlicht gehalten und im Einklang mit der Natur. Inzwischen gibt es über 65 FriedWald-Standorte in ganz Deutschland und Österreich.
Sie möchten einen davon erkunden? FriedWald bietet regelmäßig kostenlose Waldführungen an. An zwei Wochenenden im Monat können Sie in einer Gruppe von bis zu 20 Personen einen FriedWald-Förster durch sein Gebiet begleiten. Bei dem gemeinsamen Waldspaziergang erfahren Sie alles Wichtige über den Wald, die einzelnen Baumarten und die Beisetzung, Sie sehen den Andachtsplatz und ein Beispiel für ein Urnengrab. Und Sie bekommen Antworten auf Ihre Fragen. Außerdem haben Sie die Möglichkeit, Ihren Baum zu entdecken – von der majestätischen Rotbuche über eine schlank gewachsene Birke bis zur knorrigen Eiche. Auch bei der Baumauswahl berät Sie der Förster und zeigt Ihnen Bäume, die für Sie allein, eine Gemeinschaft oder für die ganze Familie und Freunde als letzte Ruhestelle dienen können. Den nächstgelegenen Wald finden Sie auf der Website von FriedWald. Melden Sie sich dort auch schnell und einfach für eine der Führungen an. Oder rufen Sie direkt bei FriedWald an unter 06155 848-200.

Mehr Informationen unter: www.friedwald.de

FriedWald®
Die Bestattung in der Natur

Warum hat der *Frauenschuh* Fenster in seiner Blüte?

Text: Sebastian Witte Illustration: Anastasia Mattern

Orchideen zählen zu den trickreichsten Gewächsen im Pflanzenreich. Um sich bestäuben zu lassen, nimmt etwa der Frauenschuh eine Biene gefangen – und zeigt ihr dann, wo es langgeht

Sein markanter Blütenkessel, der entfernt an Fußbekleidung erinnert, macht den Frauenschuh zur wohl prächtigsten wilden Orchidee, die in unseren Breiten wächst – und dient vor allem dem Betrug. Denn um sich vermehren zu können, lockt die Pflanze mithilfe ihres Schauorgans potenzielle Bestäuber an. Die vermuten im sattgelben Blütentopf reichlich Nektar; ein aprikosenähnlicher Duft verstärkt die Versuchung noch.

Doch sie werden getäuscht. Statt auf Nektar stoßen die Bestäuber – vor allem Sandbienen – auf eine spiegelglatte Oberfläche, die die Insekten beim Landeversuch geradewegs in den Hohlraum schlittern lässt. Dessen Innenseite ist mit einseitig ausgerichteten Härchen besetzt, die ein Entkommen verwehren.

Nur *ein* Weg führt zurück in die Freiheit: vorbei an den Geschlechtsorganen der Blüte. Damit das Insekt ihn findet, hilft der Frauenschuh mit einem in der Natur sehr ungewöhnlichen Trick nach: Das Innere des Kessels ist an seinem oberen Ende hell erleuchtet. Sonnenschein fällt dort durch transparente Stellen – quasi lichtdurchlässige Fenster.

Da das gefangene Insekt zu entfliehen versucht, krabbelt es in Richtung der Fenster und zurück ans Licht. Dabei muss es sich an den Staubgefäßen der Blüte vorbeizwängen, die ihm – bevor es den rettenden Ausgang erreicht – noch eine Ladung Pollen auf den Rücken tupfen. Weil die Biene nach erfolgreichem Verlassen der Kesselfalle oft noch ein zweites oder drittes Mal auf einen nächsten Frauenschuh und seine Täuschung hereinfällt, ist die Bestäubung gesichert.

Allerdings endet die unfreiwillige Exkursion nicht immer so glimpflich. Manchmal nämlich lauern in den Kesseln räuberische Spinnen. ●

Drei Monate barfuß

Ohne Strom, ohne Internet und ohne fließendes Wasser: Der Alltag als Hüterin einer Herde am Berg ist karg. Doch wer den Gipfeln so nah ist, wird von der Natur reich beschenkt

Text: Julia Roßmaier Fotos: Andreas Hub

Jedes Jahr zieht es Julia Roßmaier im Sommer für drei Monate auf die Anhöhen der Schweizer Alpen. Dort muss sie zum Kochen und Heizen selbst Holz hacken

Jahr für Jahr zieht *die Sehnsucht* sie wieder auf die Bergweiden

Rund
3
Monate dauert die Alp-Saison

Zweimal am Tag muss Julia Roßmaier schriftlich festhalten, wie es der Herde geht

Kühe versorgen, Zäune bauen, Wasserleitungen anlegen: Von früh bis spät und bei jedem Wetter gibt es auf der Alp viel Arbeit, die den Körper fordert

Als Kind ging Julia Roßmaier mit ihrer Mutter auf die Alp. Noch heute hüten sie manchmal gemeinsam eine Herde in der Höhe

Die Autorin

Geburtshelferin

Oft ist die Hirtin dabei, wenn ein Kalb zur Welt kommt – und erste Schritte versucht

Manchmal ist es auf der Alp wirklich so idyllisch, wie viele es sich vorstellen: Ich sitze im Gras, um mich ruhen Kühe, tanzen Schmetterlinge zwischen Bergkräutern. Über mir spannt sich das Blau, vor mir ziehen die Gipfel den Blick in die Weite. Irgendwo pfeift ein Murmeltier, der Moment ist perfekt.

Zumeist aber ist es ganz anders. Und das finde ich mindestens ebenso schön. Dann stapfe ich von morgens bis abends bergauf und bergab, überwinde Hunderte Höhenmeter, ramme Pfähle mit dem Vorschlaghammer in den Boden, ziehe Zäune, zerlege Brennholz. Ich versorge verletzte Kühe, suche verirrte Kälber, treibe widerwillige Jungtiere – ganz gleich, ob gerade die Sonne brennt oder ich bis auf die Knochen nass werde.

Mein Sommer auf einer Alp ist vor allem eines: anstrengend. Trotzdem zieht es mich Jahr für Jahr wieder auf die Bergweiden in rund 2000 Meter Höhe. Oder vielleicht gerade deshalb? Ich weiß es nicht.

Ich bin 33 Jahre alt, arbeite als Sozialarbeiterin in einer Einrichtung für junge Erwachsene ohne Ausbildung. Schon als Kind durfte ich jeden Sommer mit meiner Mutter und meinen beiden Geschwistern auf eine Alp in der Schweiz gehen, um dort für einige Monate das Vieh zu hüten. Wir Kinder wurden in dieser Zeit von der Schule befreit, und unsere Mutter hat uns selbst unterrichtet.

Oft war mir das etwas peinlich, weil „anders“ zu sein als Kind nicht einfach ist und ich nicht auffal- »→

Oft schaut sie unvermittelt in die Augen *eines Steinbocks*

len wollte. Aber rückblickend habe ich fürs Leben dort mehr gelernt als in der Schule. Und die Sehnsucht nach den Anhöhen hat mich seither nicht mehr verlassen.

Jedes Jahr bringen Bauern ihre Tiere im Sommer für einige Zeit auf die frischen Wiesen in den höheren Lagen. Da sie im Tal viel zu tun haben und jemand die Herden täglich beobachten, einzäunen, von Weide zu Weide treiben muss, suchen sie Hilfe.

Früher mussten oft die unverheirateten Männer dort oben schaffen, viele galten als Sonderlinge, als Eigenbrötler. Längst aber ist es auch für Frauen eine Möglichkeit, der Natur für einige Zeit ganz nahe zu kommen. Was zählt, ist Erfahrung. Und so steige ich jedes Jahr in die Höhe, um als Hirtin unter freiem Himmel zu arbeiten.

Das Leben fühlt sich pur an

Wenn es Ende Mai losgeht, fühlt sich alles frisch an, nach Aufbruch. Die letzten Schneewehen schmelzen, Bergkräuter blühen, die Tiere recken ihre Schnauzen nach einem langen Winter in die würzige Luft. Ich bin dann voller Tatendrang, fühle mich sehr lebendig.

Ich richte mich in der Berghütte ein, mal allein, mal mit anderen Hirten oder mit meiner Mutter. Ab und zu kommt Besuch vorbei.

Dort oben gibt es keinen Strom, kein fließendes Wasser, kein Internet. Dafür Kerzenschein, grobe Wolldecken und ein Plumpsklo. Ärmlich? Karg? Für mich fühlt es sich weitaus reicher an als das Leben in der Zivilisation. Intensiver. Weil es um sehr einfache und doch bedeutsame Dinge geht.

Kräftiger Alpkäse mit Brot, in einer dicken Scheibe vom Laib abgeschnitten, dazu kaltes Quellwasser und ein Apfel: Das ist oft meine Mahlzeit. Frisches Gemüse bringen mir manchmal Freunde auf einer Wanderung vorbei, oder ich steige zum Einkauf ins Tal hinab.

Auf der Bergweide fühlt sich das Leben pur an, so klar wie die Luft. Eindeutig. Es gibt hier kein Irgendwie, kein Halbhalb.

Um dieses Gefühl auch anderen Menschen nahebringen zu können, habe ich mich als Wildnispädagogin ausbilden lassen. So kann ich anderen besser beibringen, wie sie sich unter freiem Himmel heimisch und geborgen fühlen können.

In der Natur bin ich selten einsam. Wenn ich den Blick von meiner Arbeit an einem Zaun hebe, den ich schon über Wochen durch die Landschaft ziehe, dann sehe ich, wie friedlich die Kühe in die Sonne blinzeln. So gelassen, wie es kaum ein Mensch vermag.

Oder ich schaue unvermittelt einem Schneehuhn in die Augen, einer Gämse. Einem Steinbock.

Oft weiden die Tiere still für sich, kommen wie zufällig immer näher – bis ich es bin, die demütig zurückweicht.

Es gibt ein paar einfache Regeln, an die ich mich so nah an ⤞

Auf der Alp fühlt sich Julia Roßmaier selten einsam – immer ist sie von Kühen umgeben

Fitnesscenter

Die Hirtinnen müssen manchmal lange suchen, bevor sie eine Kuh im Gelände ausmachen

Wer auf einer Alp helfen will, findet Informationen etwa auf dem Internetportal www.zalp.ch. Dort gibt es auch zahlreiche Inserate, weiterführende Links, Buch- und Filmtipps.

Der Dokumentarfilm »Still« lässt einen spüren, wie sich das Leben auf der Alp anfühlen muss. Mit Empathie begleiten die Filmemacher eine Frau auf ihrer Reise in die Ruhe der Berge.

Knapp

7000

Alpbetriebe gibt es noch in der Schweiz

Auf den Bergweiden sollen sich die Tiere satt fressen und vermehren – ehe sie im Winter geschlachtet werden

Das Quellwasser ist so sauber, dass Mensch und Tier bedenkenlos davon trinken können

Nur für kurze Zeit sind *Mensch und Tier* in den Bergen willkommen. Dann kommt *die Kälte*

In rund **2000** *Meter Höhe liegt die Alp*

Ob auf dem Fels oder auf der Weide: Wie Julia Roßmaier läuft auch ihre Mutter meist barfuß. Das gibt ihr das Gefühl, mit dem Gebirge verbunden zu sein

Eine Gaslampe bietet gerade genug Licht, um am Abend noch ein wenig zusammenzusitzen oder zu schreiben

Badezeit

Luxus auf der Alp: Eine Wanne mit warmem Wasser, Kerzenschein und Vollkornbrot

den Gipfeln halte: kein Risiko, kein Alkohol, keine Zigaretten, kein Fleisch – und keine Schuhe: Fast immer bin ich barfuß unterwegs, egal ob im Fels oder auf den Weiden. Das schafft mehr Trittsicherheit. Und das Gefühl, mit dem Gebirge verbunden zu sein.

Auch meine Füße wollen frei sein, habe ich schon als Kind zu meiner Mutter gesagt.

Im August der erste Schnee

Wenn sich der Sommer dem Ende zuneigt, wird es ruhiger auf der Alp. Die Kühe haben ihre Kälber geboren und mit fetter Milch ins Leben gebracht, die Zäune sind fertig, die Bergwiesen verlieren ihr sattes Grün. Alles scheint sich allmählich bereit zu machen für den nächsten Winter.

Regen und Wind nehmen zu, Wolken und Nebel verhängen die Bergketten, der erste Schnee fällt oft Ende August und bleibt meist schon für einen Tag liegen. Jetzt komme ich häufig durchgefroren und mit rotem Gesicht in die Hütte.

Allmählich ziehe ich mit den Herden Weide für Weide tiefer ins Tal – bis sie schließlich wieder bei den Bauern in den Ställen ankommen oder geschlachtet werden.

Es ist, als würden die Berge uns Menschen und Tiere vertreiben. Nach rund drei Monaten nehme auch ich Abschied und kehre zurück nach Hause.

Oben auf der Alp stelle ich mir oft vor, was ich daheim als Erstes tun werde: ein warmes Bad nehmen. Ein üppiges Abendessen genießen. Doch bisher habe ich nach meiner Rückkehr all das nie getan.

Meist erledige ich, was gerade anfällt. Das Leben im Tal ist während des Sommers ja nicht stehen geblieben. Und ich frage mich: Was habe ich alles verpasst? Warum nur habe ich auch in diesem Jahr die Zivilisation wieder gegen die Strapazen eingetauscht, gegen wunde Hände, verstauchte Zehen?

Nie wieder, sage ich mir dann.

Doch schon nach wenigen Wochen ist sie wieder da – die Sehnsucht nach der Alp. Und ich spüre: Sie wird nicht mehr gehen, über den Winter immer stärker werden.

Bis ich im nächsten Frühsommer wieder den Rucksack packe und aufsteige z'Alp.

Kuh und Mensch kennen einander seit Jahrtausenden. Und doch ist uns das Wesen der Wiederkäuer oft fremd. Der Autor Martin Ott gibt in seinem Buch »Kühe verstehen« einfühlsame Einblicke.

Welcher Berg ist das? Die App »PeakFinder« (für iOs und Android) zeigt an jedem beliebigen Ort per GPS ein 360-Grad-Panorama und nennt die Namen der Gipfel in Sichtweite (www.peakfinder.org).

1 m^3 *Totholz*

Abgestorbene Äste, faulige Wurzeln und modernde Baumstümpfe mögen tot sein. Und doch sind sie auf gewisse Weise höchst lebendig: In und an ihnen gedeiht eine erstaunliche Vielzahl von Organismen

Illustrationen: Tim Wehrmann   Text: Rainer Harf

1. Siebenschläfer nutzen Hohlräume im morschen Holz als Wohnstatt
2. Zwergfledermäuse finden in den Spalten Schutz und schlafen dort den Tag über
3. Rosenkäfer schillern grünlich, ihre Larven ernähren sich von Totholz
4. Asseln verbergen sich in Ritzen und unter der brüchigen Borke
5. Waldmäuse finden Unterschlupf in den Gängen und Taschen
6. Schlupfwespen legen ihre Eier mithilfe eines Stachels in das Innere von Larven anderer Insekten
7. Wespenböcke legen Eier in altersschwache Eichen. Die Larven der Käfer fressen fauliges Holz
8. Schnecken raspeln winzige Algen ab, die auf der Oberfläche des Holzes wachsen
9. Feuersalamander suchen Zuflucht im Fuß morscher Stämme, wo sie teils die Wintermonate in einer Starre verbringen
10. Werftkäfer bohren verschlungene Gangsysteme in den Stumpf
11. Spinnen gehen auf Jagd nach kleinen Insekten, die sich im und am Totholz tummeln

Knapp *ein Drittel* aller Tiere und Pflanzen im Wald sind auf Totholz angewiesen

Ohne den Tod gäbe es kein Leben. Das ist ein ehernes Gesetz der Natur. Denn alles, was lebt, vergeht irgendwann – und liefert anschließend Nährstoffe für neues Leben. Und nirgendwo im Wald zeigt sich dies deutlicher als dort, wo Holz verrottet.

Ob modernde Äste, zerfallene Baumstümpfe, faulendes Wurzelwerk: Das Totenreich dort quillt geradezu über vor Leben.

Betrachtet man zum Beispiel im Herbst einen abgestorbenen, aber noch aufragenden Baumstamm, werden einem oft in zwei, drei Meter Höhe faustgroße Löcher ins Auge fallen: Spechte haben diese Höhlen ins Holz gemeißelt.

Im Inneren erweitern sich die Vogelbauten und bieten zahlreichen Pilzen, die sich vom nährstoffreichen Holz ernähren, ein Einfallstor. Die Pilze bilden im Stamm ein weitverzweigtes Netz aus winzigen Fäden.

Pilze verwandeln Holz zu Mehl

Nun dauert es mehrere Jahre, bis die Pilze ihre feinen Fäden durch weite Bereiche des Stamms gesponnen haben. Dann treiben sie ihre Fruchtkörper aus, darunter der Schwefelporling, der Eichenholz zersetzt und seine pallisadenartig übereinanderstehenden Hüte dottergelb in den Herbstwald streckt.

Die Pilze verwandeln Teile des Stammesinneren allmählich in sandiges Mehl: die Leibspeise Dutzender Insekten, vor allem Schwebfliegen, Käfer, Mücken. Von den Pilzfäden selbst wiederum zehren unter anderem die Larven von Holzwespen, die ihrerseits Gänge durch den Stamm bohren.

Nach und nach durchziehen nun immer mehr Röhren und Löcher den toten Baum, es entsteht ein zunehmend verschlungenes Höhlensystem mit Ausbuchtungen und Taschen. Auch die Borke, die den mächtigen Stamm zu Lebzeiten gegen Widrigkeiten bewahrte, bricht immer weiter auf.

Zuflucht, Unterschlupf, Lebensraum

Und je morscher das Holz wird, desto mehr Leben dringt ins Innere der Totenwelt vor: Asseln, Milben und Hundertfüßer tummeln sich nun unter der Rinde; Spinnen verstecken sich in den Spalten; Holzameisen bauen ihre Nester in den Höhlungen des Stammes. Schließmundschnecken kriechen über die brüchige Borke und raspeln Algen ab, die dort in glitschig-grünen Filmen gedeihen.

Auch größere Tiere zieht der alte Stamm an. Fledermäuse zwängen sich in schützende Ritzen, um dort tagsüber zu dösen. Siebenschläfer und Haselmäuse, Eulen, Meisen und Tauben finden Unterschlupf in den Höhlen. Kröten und Salamander suchen im Fuß des verrottenden Riesen nach Zuflucht.

Das tote Holz wird vielseitig genutzt: als Nahrung, Wohnstatt, Kinderstube – und als Trommelplatz; Spechte nutzen den Klangkörper des abgestorbenen Stammes, um ihr Revier abzustecken.

So wichtig ist das modrige Holz für das Leben, dass von den rund 20 000 Tier- und Pflanzenarten, die unsere Wälder bewohnen, rund 30 Prozent auf Alt- und Totholz angewiesen sind. Etliche von ihnen könnten ohne die faulige Finsternis nicht überleben. Zum Beispiel, um nur einen zu nennen, der Rindenschröter: Die Larven dieser kleinen Hirschkäferart entwickeln sich im Totholz zumeist von Tannen und Fichten – bis sie nach zwei oder drei Jahren zum ausgewachsenen Tier heranreifen.

Leider gehört der Rindenschröter, wie viele andere Totholzliebhaber auch, zu den gefährdeten Arten. Der Grund: In den meist auf maximale Holzernte getrimmten Forsten unserer Breiten geht den Spezialisten der Lebensraum verloren. Wälder, in denen Bäume altersschwach werden und verrotten dürfen, gibt es fast nur noch in den Kernzonen der Nationalparks.

Um die Artenvielfalt unserer Wälder zu schützen, ist es daher unerlässlich, mehr Waldflächen gleichsam sich selbst zu überlassen. Mehr Wildnis zuzulassen.

Und zur Wildnis gehört eben auch: das Sterben und Vergehen von Bäumen zuzulassen.

Denn nur wenn das Totenreich genügend Raum hat, kann sich die lebendige Vielfalt im Wald ganz und gar entfalten. ●

Schlupfwinkel

Für fast alle Fledermausarten in Deutschland ist Totholz überlebenswichtig. Zum einen dient es den Flattertieren als Unterschlupf. Zum anderen fördert abgestorbenes Holz die Zahl der Insekten, von denen sich die in der Dämmerung aktiven Luftjäger ernähren

Nach dem Absterben eines Baums beginnt die Phase des Zerfalls: Bis nichts mehr von Stamm und Ästen übrig ist, können Jahrhunderte vergehen

Schlupfwespen bohren ihren Legestachel zentimetertief ins Holz

Hausbauer

Rund 130 der 170 in Wäldern heimischen Schnecken mit Gehäuse sind eng an Totholz gebunden. Denn gerade der Rindenbereich abgestorbener Bäume ist reich an Kalzium, das die Weichtiere zum Aufbau ihres kalkhaltigen Gehäuses brauchen

Rund
1500
Großpilzarten können an der Holzzersetzung beteiligt sein

Bis zu
1350
Käferspezies wirken am Abbau von Totholz mit

Erst mit
700
Jahren sind Eichen so alt, dass sie natürlicherweise sterben

Altholzfresser

Die Larven des zweieinhalb Zentimeter großen Rosenkäfers ernähren sich von Holzmulm, einem mehligen Abbauprodukt, das sich etwa in alten Spechthöhlen sammelt. Rund drei Jahre lang fressen die Larven den Mulm. Dann reifen sie zu fertigen Käfern aus

Vier Fakten zum Staunen

1. Verkohlt
Sogar verbranntes Holz wird von manchen Insektenlarven als Nahrung geschätzt

2. Bedeutend
In einem Urwald kann der Totholzanteil bis zu 40 Prozent des gesamten Holzes ausmachen

3. Artenreich
Abgestorbenes Laubholz wird von mehr Spezies besiedelt als totes Nadelholz

4. Untergetaucht
Auch in Flüssen bieten tote Äste Lebensraum, etwa als Versteck

Scharfe Krallen geben Halt und ermöglichen es Eichhörnchen, Baumstämme mühelos hoch- und runterzurennen

In den Bäumen bin ich zu Hause!

Kaum ein anderes Waldtier klettert mit einer solchen Leichtigkeit wie das Eichhörnchen. Ihr meisterhaftes Geschick verdanken die Nager einzigartigen körperlichen Merkmalen und verblüffenden Sinnen

Text: Rainer Harf

Die Gliedmaßen der Nager sind überaus gelenkig – Verrenkungen beim Klettern oder eine Essenspause im Spagat sind kein Problem

Der *buschige Schwanz* dient der Kommunikation. Seitliches Wedeln etwa heißt: Ich bin nervös!

Mit etwas Glück kann man im herbstlichen Wald Zeuge eines artistischen Spektakels werden – dann nämlich, wenn ein Eichhörnchen ein zweites verfolgt. Oft rennen die rotbraunen Nager in einem halsbrecherischen Tempo hintereinander her, hasten senkrecht einen Baumstamm hoch, rasen in Sekundenschnelle bis hinauf ins schwindelhohe Geäst. Und sind dabei so rasch unterwegs, dass man Mühe hat, ihnen mit den Augen zu folgen.

Virtuos hangeln sich die Tiere durch das Gewirr von Zweigen, springen von einem Wipfel zum nächsten. Um dann kopfüber an einem Stamm herunterzustürmen – gerade so, als gälte die Schwerkraft für sie nicht.

Kaum ein Waldwesen bewegt sich so meisterhaft durch die Baumkronen wie das Eichhorn. Sein beeindruckendes Geschick verdankt der rund 40 Zentimeter lange Nager etlichen körperlichen Besonderheiten. Ausgewachsene Tiere wiegen – dank ihres schlanken Körpers und des extrem leichten Skeletts – gerade mal 400 Gramm. Scharfe Krallen an den höchst beweglichen Zehen bieten selbst auf glatten Baumstämmen sicheren Halt; die Füße lassen sich um 180 Grad nach außen drehen und erlauben so kunstfertige Klettermanöver.

Auch die Sinne der Eichhörnchen sind bestens aufs Klettern ausgerichtet: Die tiefschwarzen Augen gewähren zu beiden Seiten wie nach vorn ein riesiges Gesichtsfeld und hervorragende räumliche Wahrnehmung. Dadurch können die flinken Säuger bei ihren Sätzen die Entfernung zwischen zwei Ästen perfekt abschätzen.

Zudem verfügen Eichhörnchen über eine Art sechsten Sinn: An der Schnauze, an Bauch und Beinen wachsen lange, sensible Haare, und diese Vibrissen vermitteln dem Tier ständig wichtige Tasteindrücke über die nähere Umgebung.

Der bis zu 20 Zentimeter lange, buschige Schwanz übernimmt zudem gleich mehrere Funktionen: Beim Klettern verschafft er die nötige Balance, und bei den bis zu fünf Meter weiten Sprüngen (weit mehr als das Zehnfache der Körperlänge!) dient er als Steuerruder – und garantiert so, dass die Nager ihr Ziel in luftiger Höhe treffsicher erreichen.

Nahrhafte Samen in Fichtenzapfen sind sehr beliebt bei Eichhörnchen, die gelegentlich auch in Baumhöhlen Unterschlupf suchen

Kugelnester

dienen den Nagern als Ruhestätte und als Schutz vor Feinden

Darüber hinaus hilft der Schwanz bei der Kommunikation mit Artgenossen. Seitliches Wedeln, dazu rasches Stampfen mit den Pfoten bedeutet zum Beispiel: Ich bin nervös! Ein aufgerollter, zitternder Schwanz, begleitet von einem hörbaren Schnalzen, heißt: Nimm dich in Acht, ich bin wütend!

Ein Nager mit Revier

Die kommunikativen Nager besetzen in der Regel Streifgebiete, die je nach Nahrungsangebot zwischen drei und 14 Hektar groß sind (für ein einzelnes Tier!). Die Territorien überlappen sich oft mit denen von Rivalen und werden daher (bis auf ein Kerngebiet) meist nur schwach verteidigt.

In ihren Revieren bauen die Eichhörnchen meist mehrere kugelförmige Nester aus Zwei- »

Eichhörnchen können Nüsse noch unter *30 Zentimeter dickem Schnee* erschnüffeln

gen. Diese sogenannten Kobel polstern sie mit Moos und Gras, manchmal auch mit Federn weich aus. Die Kugelnester dienen als Basisstationen für allerhand Unternehmungen und als Ruheorte.

So nächtigen die Tiere im wärmenden Schutz eines Kobels, wobei sie ihren kleinen Körper mit dem flauschigen Schwanz wie mit einer Kuscheldecke umhüllen.

Auch für den Fall, dass sich ein Feind – etwa ein Baummarder – dem Eingang des Kugelnests nähert, ist gesorgt: Der Kobel besitzt einen von innen verstopften Notausgang, den das Hörnchen schnell freiräumen und zur Flucht nutzen kann.

Morgendliche Hygiene

Mit den ersten Sonnenstrahlen beginnt der Tag für die kastanienroten Kletterer. Erst recken sie sich, dann steht ausgiebige Körperpflege an. Dazu gehört, sorgfältig mit der Schnauze die Vorderpfoten zu reinigen – sowie mit den Krallenfingern gründlich den Schwanz zu kämmen und von lästigen Parasiten wie Läusen zu befreien. Und manchmal auch: die Zähne zu putzen. Hierfür schälen Eichhörnchen Bast von Ästen ab und ziehen ihn wie Zahnseide zwischen den Nagezähnen hindurch.

Auf zur Futtersuche

Ist das morgendliche Hygieneritual erledigt, geht es auf Futtersuche. Auf dem Speiseplan stehen Samen, Beeren, Pilze, Würmer, Schnecken, zuweilen Vogeleier und sogar Vogelküken. Gegen Mittag ziehen sich Eichhörnchen zur Siesta in einen der Kobel zurück. Und widmen sich dann bis zum Einbruch der Dunkelheit wieder der Nahrungsbeschaffung.

Gerade im Herbst – wenn der Wald seine Früchte trägt – können die Hörnchen aus dem Vollen schöpfen. Da der Winter naht, ist nun Vorsorge überlebenswichtig: Die emsigen Tiere fressen sich etwas Speck an und sammeln Vorräte.

Gefundene Nahrung unterziehen die Tiere zunächst einer Qualitätskontrolle: Sie nehmen zum Beispiel eine Nuss mit Zähnen und Klauen auf, drehen und beäugen sie kritisch. Scheint sie nicht geeignet für eine Lagerung, wird sie an Ort und Stelle verzehrt. Reicht die Güte aus, gräbt das Hörnchen ein Loch in den Waldboden, lässt den Leckerbissen hineinfallen, drückt ihn mit der Schnauze fest und verscharrt das kleine Depot. Auf diese Weise versteckt ein Eichhorn pro Jahr bis zu 2500 Nüsse, Eicheln und andere Samen!

Beim späteren Wiederfinden der Schätze hilft den Nagern vermutlich ihr gutes Gedächtnis sowie ihr Geruchssinn: Selbst unter einer 30 Zentimeter dicken Schneedecke können Eichhörnchen eine Nuss erschnüffeln.

Doch trotz ihrer Cleverness vergessen Eichhörnchen viele Verstecke. Unfreiwillig erweisen sie damit ihrer Heimat, dem Wald, einen unschätzbaren Dienst: Im nächsten Frühjahr keimen aus den verborgenen Lagern unzählige junge Bäumchen.

Damit nehmen die Kletterer eine zentrale Rolle im Lebensraum Wald ein: Sie forsten ihn ständig auf.

Bis zu fünf Meter weit können Eichhörnchen springen. Die überwiegend einzelgängerisch lebenden Nagetiere geben sich hin und wieder auch gesellig

Eichhörnchen können wie Vögel gefüttert werden. Dazu gibt es spezielle Kästen mit Deckel. So gelangen nur die Nager an die Nüsse.

Im Herbst suchen Eichhörnchen unentwegt Nüsse, die sie einzeln vergraben – als Vorrat für den Winter

»Spüren Pflanzen, wenn sie *verletzt* werden?«

Peter Wohlleben entdeckt an Bäumen wie Birken oder Buchen Eigenschaften, die denen von Menschen ähneln

Peter Wohlleben und **František Baluška** sprechen über die verblüffend sensiblen Seiten der Flora

PETER WOHLEBEN: **Herr Professor Baluška, ich schreibe ja oft davon, dass Pflanzen sich verhalten, als würden sie etwas empfinden. Sie erforschen das wissenschaftlich. Haben die Gewächse wirklich Gefühle?**
FRANTIŠEK BALUŠKA: Das lässt sich nicht einfach beantworten. Wenn Menschen davon sprechen, dass Pflanzen etwas „fühlen", dann vergleichen sie das mit ihren eigenen Empfindungen. Die Frage müsste dann also lauten: Haben Pflanzen menschliche Gefühle? Das können wir mit Sicherheit verneinen. Aber: Die jüngste Forschung zeigt, dass Pflanzen weitaus mehr wahrnehmen und tun, als wir lange gedacht haben. Und manches davon erinnert an uns selbst.

Zum Beispiel?
Viele Pflanzen reagieren sofort auf Verwundungen. Werden ihre Blätter, Wurzeln oder Stängel verletzt, etwa von einer Raupe, stellen sie Stoffe her, die auch uns Menschen vertraut sind: Narkosemittel. Bei uns sollen diese Stoffe Schmerzen lindern, bei Pflanzen dienen sie dazu, Fressfeinde abzuwehren, helfen aber auch, die Vorgänge in den Pflanzen selbst zu dämpfen.

Die Gewächse betäuben sich selbst? Wenn das so gezielt geschieht, dann müssten sie doch auch ein Empfinden für Schmerz haben, also wahrnehmen, dass etwas wehtut?
Ja, so sieht es aus. Es wirkt, als würden sich die Pflanzen wappnen gegen Verletzungen – also eine Absicht verfolgen, die einen Zustand verändern soll.

Aber allein bei diesem Gedanken sträuben sich vielen Menschen die Haare. Sie sind nicht einmal bereit, darüber nachzudenken.

Weshalb fällt das so schwer?
Weil wir es gewohnt sind zu glauben, Menschen seien in jeder Hinsicht einzigartig. Allmählich aber zeigt die Forschung, dass wir erkennen müssen, dass auch viele Tiere Gefühle und Bewusstsein haben. Primaten, Hunde, Katzen – da können sich Menschen inzwischen gut einfühlen. Bei Fischen fällt das schon schwerer, bei Pflanzen gelingt das kaum einem.

Wir sehen also bei immer mehr Tieren und Pflanzen, dass sie Eigenschaften haben, die unseren ähneln.
Genau. Aber es geht nicht darum, herauszufinden, wie sehr Tiere oder Pflanzen uns ähneln.

Sondern worum?
In der Wissenschaft versuchen wir zu verstehen, wie genau jedes einzelne Lebewesen funktioniert,

»Neue Studien legen nahe, dass sie *Schmerz* empfinden.«

František Baluška erforscht als Botaniker an der Universität Bonn, inwieweit Pflanzen auf äußere Reize reagieren

welche Eigenheiten sein Dasein ausmachen, ganz unabhängig davon, wie andere Kreaturen beschaffen sind. Eine Pflanze zu vermenschlichen, gilt unter den meisten Forschern daher als das Schlimmste, was man machen kann.

Aber tun Sie nicht genau das, wenn Sie etwa berichten, dass Pflanzen Absichten verfolgen oder Schmerzen betäuben?
Ja, und dafür stecke ich unter Kollegen auch reichlich Kritik ein. Aber im Unterschied zu vielen anderen bin ich davon überzeugt, dass Wissenschaftler den Menschen ihre Erkenntnisse nahebringen müssen. Wir dürfen unsere Forschung nicht hinter komplizierter Sprache verstecken, immer neue Begriffe erfinden, um den Eigenheiten der Lebewesen gerecht zu werden. Vielmehr müssen wir Begriffe benutzen, die

Eine durchschnittliche Pflanze hat rund
30
verschiedene Sensoren, um Informationen aus ihrer Umwelt zu verarbeiten

Austausch

auch Laien verstehen; wir müssen unsere Forschung populärwissenschaftlich darstellen. Deshalb sage ich zum Beispiel, dass Gewächse ein pflanzliches Gehirn haben.

Wirklich?
Hier droht wieder die Falle der Vermenschlichung: Wenn ich „Gehirn" sage, dann meine ich damit nicht, dass Pflanzen zwangsläufig ein menschliches Gehirn haben. Sondern ein pflanzliches: Es ist das feine System von Vaskular-Leitungen, das den ganzen Pflanzenkörper durchzieht – von den äußersten Wurzelspitzen bis zu den äußersten Blattspitzen. Darin werden permanent chemische und auch elektrische Signale hin und her geschickt.

Vielen Menschen ist nicht bewusst: Eine Pflanze ist in der Regel unter der Erde genau so groß wie über der Erde. Eine Buche zum

Mit bis zu

3

Zentimeter pro Sekunde durchströmen elektrische Impulse Gewächse

»Warum fällt es uns schwer zu akzeptieren, dass *Pflanzen fühlen?*«

Peter Wohlleben

Beispiel, hoch wie ein Haus, streckt ihre Wurzeln so tief in die dunkle, modrige Unterwelt wie sie Äste in die Luft reckt. Und doch steht all das permanent miteinander in Verbindung.

Stellen wir uns vor, die Wurzeln nehmen wahr, dass der Boden trockener wird: Dann senden sie elektrische Impulse hinauf in den grünen Teil der Pflanzen, sodass die Blätter die Stomata verschließen – winzige Öffnungen, mit denen die Pflanze den Austausch von Gasen und Feuchtigkeit mit der Umgebung reguliert. Diese Aktivität wird an die Wurzeln zurückgemeldet.

Es geschieht Ihrer Ansicht nach also etwas, was dem Geschehen in unserem Zentralnervensystem, mithin unserem Gehirn, ähnlich ist?
Ja – mehr noch: Die Kommunikation zwischen den Zellen verläuft ganz ähnlich wie an den menschlichen Synapsen, den Übergängen zwischen unseren Nervenzellen.

Denn an der Spitze einer Wurzel werden Signalstoffe zwischen den Zellen in sogenannten Vesikeln transportiert; das sind Eiweißbläschen, die wiederverwendet werden, sobald sie ihre Fracht von einer zur anderen Zellen gebracht haben. Dieser Mechanismus sorgt dafür, dass Stoffe exakt und effizient an ihren Zielort gelangen. Nichts anderes geschieht bei Nervenzellen von Tieren und Menschen.

Auch Charles Darwin, der Begründer der Evolutionstheorie, hatte übrigens keine Scheu davor, Begriffe, die eigentlich nur für den Menschen gelten, auf Pflanzen anzuwenden. Er wusste noch nichts von den Vesikeln und sprach trotzdem von einem „Wurzelgehirn", das sich durchaus mit dem von niederen Tieren vergleichen lasse.

Dennoch erforschen nur wenige Wissenschaftler weltweit ähnliche Fragen wie Sie. Vielleicht steckt dahinter ja auch Angst. Denn wenn es stimmt, was Sie sagen – wenn Pflanzen also wirklich so etwas wie Schmerzen empfinden –, können wir sie nicht mehr guten Gewissens so behandeln wie bisher. Ein Veganer zum Beispiel isst keine tierischen Produkte aus Respekt vor Tieren. Aber was könnte er essen, wenn sich unser Bild von Pflanzen änderte?
Wer isst, nimmt immer auch lebendige Zellen zu sich – das ist Teil des Lebens und völlig unvermeidlich. Und manch eine Pflanze hat auch eine Art „Interesse" daran, dass Teile von ihr gegessen werden. Ihre Früchte braucht sie nur, um ihre Samen zu verbreiten; einen Teil ihrer Blätter braucht sie nicht auf Dauer.

Manche der wichtigsten Nahrungspflanzen der Welt sind ja geradezu auf uns angewiesen: Der Mais etwa hätte kaum eine Chance, sich zu vermehren, wenn nicht Menschen die Kolben ernten und die Körner neu aussäen würden.

Der Mensch hat sich im Laufe der Geschichte durch Züchtung unverzichtbar gemacht für den Mais. Mensch und Mais leben also in einer Form von Symbiose, sie haben sich miteinander und untrennbar voneinander entwickelt. Das gilt für viele Nahrungspflanzen.

Wenn Pflanzen mehr wahrnehmen und fühlen, als wir bisher gedacht haben – müssen wir dann akzeptieren, dass es sich wohl kein Baum wünscht, gefällt zu werden?
Ja, in der Tat. Holz ist ein Rohstoff, den wir mit großem Respekt und Bedacht verwenden sollten – zumal wir nicht nur den Baum töten, sondern jedes Mal auch die Gemeinschaft der umstehenden Bäume stören, ja verletzen.

Alle Bäume eines Waldes sind durch Wurzelsysteme und Pilze miteinander verbunden. Etwa durch Duftstoffe geben sie einander Signale. Deshalb spreche ich auch immer wieder von der „Familie" oder dem „Sozialleben" der Bäume.
Das finde ich richtig, denn es lässt sich wissenschaftlich begründen.

Aber brauchen wir dann nicht auch ethische Standards für Pflanzen? Und damit logischerweise Schutzorganisationen, die sich für die Rechte der Gewächse einsetzen?
Das wird wohl irgendwann unvermeidlich sein. Und mancherorts ist man da ja schon weiter als bei uns. In der Bundesverfassung der Schweiz etwa ist der Schutz der „Würde der Kreatur" garantiert – damit sind ausdrücklich auch Pflan-

zen gemeint. Aktuell erstreckt sich das vor allem auf den Schutz vor bestimmten Eingriffen in das genetische Erbgut der Pflanzen.

Sie halten es also für möglich, dass wir in Zukunft über Pflanzen in der industriellen Landwirtschaft ähnlich sprechen werden wie über die Massentierhaltung heute?
Um die Nutzung von Pflanzen wird der Mensch zwar nicht umhinkommen – aber wir werden sicherlich einmal darüber reden, was eine Pflanze erlebt und welche Bedürfnisse sie stillen darf, ehe wir sie nutzen. So wie es heute im Umgang mit Tieren völlig üblich ist.

Ich provoziere zuweilen meine Kollegen, wenn ich sage, dass Bäume in der industriellen Forstwirtschaft „geschlachtet" werden. Da reagieren viele dann empört. Dabei ist es doch absonderlich, dass wir vom Töten der Tiere reden, nicht aber vom Töten der Pflanzen.
Es fällt uns Menschen eben enorm schwer, Pflanzen als lebendige Kreaturen anzuerkennen, als Lebewesen mit einer eigenen Wahrnehmung und Verarbeitung der Welt. Wir nehmen sie lieber als etwas Totes wahr - einem Stein ähnlicher als einem Tier oder gar einem Menschen.

Manchmal träume ich davon, die Sprache der Pflanzen verstehen zu können. Wie wäre es für Sie als Forscher, wenn sich all die elektrischen Signale und chemischen Substanzen der Gewächse in unsere Worte übersetzen ließen?
Das wäre fantastisch! Und es ist auch nicht völlig abwegig.

Wir wissen zumindest schon: Es gibt spezifische Muster von elektrischen Signalen und Substanzen, die zwischen Teilen der Pflanze ausgetauscht werden. Und zu Artgenossen oder Feinden nimmt sie auch Kontakt mithilfe von Botenstoffen auf. Die entstehen vor allem, wenn die Pflanze in Stress gerät, wenn es laut wird etwa, schattig oder sie angegriffen wird. Mittlerweile sind Tausende solcher Signale bekannt. Es sind gewissermaßen Vokabeln der Pflanzensprache im Krisenfall. Über die Sprache im Normalfall wissen Forscher allerdings leider noch wenig.

Wir wissen also nicht, ob die Bäume in einem gesunden Wald einander „Guten Morgen" sagen.
Nein. Und das wäre nicht einfach zu beweisen.

Aber es würde bereits vieles verändern, wenn die Menschen anerkennen würden, was die Forschung schon jetzt zeigt: Pflanzen sind Lebewesen, die kommunizieren, wahrnehmen, fühlen – auf ihre ganz eigene Art.

Ich glaube, viele Menschen spüren das, auch wenn sie es nicht wissenschaftlich begründen können. Sie suchen die Nähe zu Pflanzen im Wald oder hegen selbst Gewächse im Zimmer. Haben Sie Pflanzen im Büro?
Nein. Weil ich weiß: Um den Pflanzen gerecht zu werden, müsste ich mich intensiv um sie kümmern. Dafür habe ich leider keine Muße.

Manche Menschen sprechen ja mit ihren Pflanzen oder streicheln sie.
Das tut auf jeden Fall den Menschen gut. Es lässt uns spüren, dass die Pflanzen alles andere als leblos sind. Aber ob die Gewächse selbst etwas davon haben? Ich weiß es nicht. Noch nicht. ●

»Weil wir Menschen uns noch immer *als einzigartig* ansehen.«

František Baluška

Bald könnte es ethische Standards für Pflanzen geben

Was die winterliche Natur so faszinierend macht

Im neuen Heft, **ab 15. November** 2019

Stille im Schnee
Bäume überstehen die klirrend kalte Jahreszeit in einer Art Winterruhe

Lassen Sie sich von mir die Geheimnisse des Winterwaldes zeigen!

Weißes Wiesel

Hermelin: Porträt eines geschickten Jägers, der sein Fell der Jahreszeit anpasst

Wer frisst was? Wie man Vögel in der kalten Jahreszeit unterstützt, und was beim Füttern zu beachten ist

Phänomen Frost: Wie entstehen Eiszapfen? Wann frieren Wasserfälle? Weshalb hat jede Schneeflocke sechs Ecken?

Frühblüher: Manche Pflanzen bilden Blüten, wenn noch Schnee liegt. Sie nutzen erstaunliche Tricks, um der Kälte zu trotzen.

Leben im Teich: Auch unter einer Eisdecke tummeln sich verblüffend viele Tiere – manche haben ihren Luftvorrat auf dem Rücken.

Winterschlaf: Im Dämmermodus verbringen etliche Tiere die Zeit bis zum Frühling; manche atmen dann kaum

Arche: Von einem, der altersschwachen Tieren ein Zuhause gibt

Mistel: Wie das immergrüne Gewächs Bäume anzapft, um zu überleben

Bis zu

50

Prozent ihres Gewichts zehren manche Winterschläfer auf

Weitere Themen im nächsten Heft:

Rumänien: Reise zu den Urwäldern Europas

Christbäume: Sind sie ökologisch vertretbar?

Debatte: Wie lässt sich das Waldsterben stoppen?

Fossiliensuche: An den Küsten der Ostsee, wie hier auf Rügen, lassen sich gerade im Winter versteinerte Relikte finden – Millionen Jahre alte Spuren von Urzeitwesen

Lawinenhunde: Bernhardiner sind treue Freunde – und unverzichtbare Retter in Not